JN063312

AI技術を活かすためのスキル
データをビジネスの
意思決定に繋げるために

Daniel Vaughan　著

西内 啓　監訳

長尾 高弘　訳

Analytical Skills for AI and Data Science

Building Skills for an AI-Driven Enterprise

Daniel Vaughan

Beijing · Boston · Farnham · Sebastopol · Tokyo

日本語版の内容について、株式会社オライリー・ジャパンは最大限の努力をもって正確を期していますが、本書の内容に基づく運用結果については責任を負いかねますので、ご了承ください。

監訳者まえがき

　おそらく本書の読者であればこれまでに1度くらい「データはこれからの時代の新しい石油である」といった言葉を耳にしたことがあるだろう。20世紀という時代には石油が大きな価値と社会的影響を持ったのと同様、21世紀にはデータが大きな価値と社会的影響を持つというのだ。私の知る限り、世界で最初にこうした表現をしたのはイギリス生まれのデータサイエンティストであるクライヴ・ハンビーであり、少なくとも彼は2006年時点でそう発言していたとのことなので、もはやそれほど斬新なアイディアというわけでもないが、今でも色んなところで見かける表現である[*1]。

　個人的に「データはこれからの時代の新しい石油である」という考え方には賛成なのだが、できればここに「良くも悪くも」という言葉を付け加えておきたい。データは確かに石油同様に大きな価値と影響力を持つが、一方で「精製しなければ役に立たない」「外に垂れ流すと迷惑」「取り扱いを間違えると大炎上」という点も石油と同様である。内燃機関や石油化学などの技術によって石油は大きな価値を生むが、ほんの150年ほど前のそうした技術が未発達な時代には「クジラの油脂の代わりにランプを灯すためのもの」といった限られた価値の生み方しか存在していなかったそうだ。

　かつて世界的に「ビッグデータ」という言葉が着目されていた時代には、とにかく大量のデータを集めようとか、使い方はよくわからないままとにかくデータを売り買いしようといった新規事業が散見されたが、最近そうした動きはめっきり見なくなった。おそらく多くのビジネスマンが、データという新たな石油の潜在的な価値を現実的な利益に換えるためには何か足りないものがあることに気づきはじめているのではないだろうか。

　そして多くのビジネスマンが期待するようにAI、あるいはより具体的に言えば、いわゆるディープラーニングを含む統計的機械学習と呼ばれる技術は、その「何か足

---

*1　https://www.theguardian.com/technology/2013/aug/23/tech-giants-data

りないもの」の一部ではあるがすべてではない。石油のメタファーにのっとるのであれば、統計的機械学習技術はエンジンではあっても、自動車や工作機械、草刈り機といった最終製品ではないのである。

エンジンから最終製品を生み出すためには機械工学の知見が必要になる。エンジンのパワーを様々な機構を通じて変換し価値を生む動きを行えるようにするのだ。これはデータの活用においても同様だが、データが生み出す価値とは本質的に物理的・あるいは力学的なものではなく、情報的、あるいは認知的なものであることは注意しなければいけない。すなわち、データに関する「価値を生む動きに変換するための様々な機構」は我々の頭や組織の中、もっと言えば社会全体に組み込むべきものなのである。

本書で学ぶスキルとはまさにこうした、人や組織や社会に組み込むべき「データから価値を生むための仕組み」である。機械学習技術自体と比べるとまだまだその知見は十分に体系立てて教えられていないが、本書はそうした貴重なスキルについての知見を整理しようという難題に挑んだのだ。こうしたスキルはデータサイエンティストだけでなくすべてのビジネスマンが今身につけるべきものであり、多くの人にとって可能な限り読みやすく誤解のないものであるよう監訳においても注意を払ったつもりである。

なお、訳語について1点だけ補足をするとすれば、本書の中で頻出する「記述的分析」「予測的分析」「処方的分析」という3分類については少し注意が必要かもしれない。日本のITやデータサイエンス業界においてよく引用されるガートナー社のレポートなどにおいても同様の用語が登場するが、こちらではさらに「診断的分析」も含めて4つに分類されている。大まかに言えばガートナーの分類ではそれぞれ「何が起きたのか（記述的分析 = Descriptive Analytics*2）」「なぜ起こったのか（診断的分析 = Diagnostic

---

* 2　Gartner, IT Glossary, [Descriptive Analytics], [https://www.gartner.com/en/information-technology/glossary/descriptive-analytics]。記述的分析は、「何が起きたのか」（もしくは何が起こっているのか）という問いに答えるために、通常は手動で実行されるデータまたはコンテンツの調査である。従来のビジネスインテリジェンス（BI）、円グラフ、棒グラフ、線グラフ、表、引き起こされた物語などの視覚化によって特徴付けられる。

Analytics*³)」「何が起きるのか（予測的分析 = Predictive Analytics*⁴）」「何をすべきか（処方的分析 = Prescriptive Analytics*⁵）」を知るための分析であるというものである。「分析の結果を注意して解釈した上で何をすべきか考える」という本書における処方的分析と、ガートナーの定義における処方的分析は必ずしも同じ概念ではない。ガートナーが言うところの診断的分析（なぜ起こったのか）の結果を適切に解釈して意思決定に繋げることを本書においては処方的と表現していることもあるのでその点については気をつけて頂きたい。ただしこうした注意点は本書が「まだ体系立てられていない知見の整理に挑戦した本」だからこそ生じたものだとも言えるだろう。

　いずれにしても本書の内容はこれからデータや機械学習技術がビジネス上重要になればなるほど重要になるものは間違いなく、ぜひ多くの人に学んでいただければ幸いである。

2021年9月

西内 啓

---

*3　Gartner, IT Glossary, [Diagnostic Analytics], [https://www.gartner.com/en/information-technology/glossary/diagnostic-analytics]。診断的分析は、データまたはコンテンツを調べて「なぜ起こったのか」という問いに答える高度な分析の1つの形であり、ドリルダウン、データ検出、データマイニング、相関などの手法が特徴である。

*4　Gartner, IT Glossary, [Predictive Analytics], [https://www.gartner.com/en/information-technology/glossary/predictive-analytics-2]。予測的分析は、データまたはコンテンツを調べて「何が起きるのか」という問いに答える高度な分析の形式である。より正確には「何が起こりそうか」で、回帰分析、予測、多変量統計、パターンマッチング、予測モデリング、予測などの手法が特徴である。

*5　Gartner, IT Glossary, [Prescriptive Analytics], [https://www.gartner.com/en/information-technology/glossary/prescriptive-analytics]。処方的分析は、データまたはコンテンツを調べて「何をすべきか」という問いに答える高度な分析の1つである。または「〜を実現するために何ができるか」であり、グラフ分析、シミュレーション、複合イベント処理、ニューラルネットワーク、レコメンドエンジン、ヒューリスティクス、機械学習などの手法が特徴である。

はじめに

AIのためになぜ分析スキルが必要なのか

2010年代後半のソーシャルメディアを飾った見出しや解説記事によれば、自動化と価値創出を約束する人工知能（AI）の時代がついにやってきたらしい。2005年前後というそれほど古くない時期に始まったビッグデータ革命でも、同じような約束が飛び交った。そして、一部の優秀な企業がAIドリブン、データドリブンのビジネスモデルで業界破壊を実現したことは確かだが、多くの企業はまだAIの約束を現実のものとすることができていない。

このように計測可能な結果が生まれていない理由はさまざまに説明されている（そして、どれもある程度は正しい）が、本書が前面に押し出しているのは、これらの新技術を**補完する**分析スキルの全般的な欠如である。

本書の大前提は、企業はデータや予測テクノロジーだけではなく、**意思決定**を下すことによって価値を創出するということである。それを意識しなくても、ビッグデータ/AI革命に便乗してAI/データドリブンで意思決定する現代的な企業に変身すれば、系統的、かつスケーラブルによりよい選択ができるようになっていく。

しかし、よりよい意思決定をするためには、まず正しい問いを立てなければならない。そうすると、記述的、予測的な分析に留まらず、**処方的**な行動指針を立てるところまで否応なく進まざるを得なくなる。最初の数章では、これらの概念を明確化するとともに、この種の分析に適したより良いビジネス上の問いの立て方を説明する。そのあとの部分では、意思決定の構造に進む。まず達成したい帰結、成果を明らかにしてから、そのために取れるアクションを逆算するという方法を説明し、不確実性や因果関係の処理によって生み出される問題やチャンスを詳しく論じる。

最後に、処方的な問いの立て方と解き方を学ぶ。

事例ドリブンのアプローチ

私の目標は、実務者たちがこのような分析のスキルセットを使ってAIとデータサイエンスから価値を生み出せるように支援することなので、各章では、一連のユースケースを使って個々のスキルがどのように機能するかを具体的に示していく。これらの問題を選んだのは、実際の業務で役に立ち、業種の違いを問わず普遍的で、学生たちが特に面白く役に立つと感じ、実際の業務でよくぶつかる、より複雑な問題の重要な構成要素だからである。しかし、結局のところ、これらは私の主観的な選択であり、業種によって役に立つこともあれば、それほどでもないこともあるだろう。

誤解しないでほしいこと

本書は人工知能や機械学習についての本ではない。本書は**これらの予測テクノロジーを使って価値を生み出すために必要な新たなスキルのこと**を論じている。

本書が完結した形になるように、付録として機械学習についての簡単な説明を入れているが、それは機械学習についての詳細な説明ではないし、そもそもそのようなものにするつもりはなかった。機械学習について学びたければ、多くの優れた本が簡単に入手できるので、それらを読んでいただきたい（付録の参考文献の節でそれらの一部を紹介している）。

本書の対象読者

本書は、機械学習から価値を生み出したいあらゆる人を対象としている。私はすでに、本書の内容の一部を、経営学の学生、データサイエンティスト、ビジネスパーソンへの解説に使用している。

不確実性をともなう意思決定と最適化を扱った部分はもっとも高度な内容であり、確率論、統計学、解析学の知識があれば間違いなく役に立つ。しかし、私はこれらの基礎知識がない読者でも理解できるように説明することを心がけた。初めて読むときには、技術的な細部の部分は読み飛ばして、直感を養い、各章のもっとも重要なメッセージを理解することに集中してもらえればと思う。

- あなたがビジネスパーソンで、自ら機械学習を実践する気がないのなら、本書は少なくともあなたがデータサイエンティストにする質問の内容を変えるために役立つだろう。ビジネスパーソンは、すぐれたアイデアを持っているが、技術を

持っている人々に、望むことをうまく説明できないことがある。あなたが自分の仕事でAIを使いたいなら、本書は技術者が正しい問題の解決に取り組めるようにあなたの質問の立て方や表現方法を変えていくために役立つだろう。さらに、解決できると思っていなかった新しい問題を解くためのヒントも提供できるのではないかと思っている。

- あなたが**データサイエンティスト**なら、ステークホルダーにどのようにアプローチすればよいか、技術的な知識を応用できるアイデアを生み出すためにはどうすればよいかについてホリスティック（全体的）な視野が得られるだろう。私の経験から見て、データサイエンティストたちは予測的な問題を解決することにおいては本当に上達したが、処方的な行動指針を示すということには苦戦することが多い。そのため、あなたが望み、予想しているほど、あなたの仕事は大きな価値を生み出していない。ステークホルダーたちが機械学習の重要性を理解してくれず不満を感じているなら、本書は解決したい問題を"ビジネスパーソンにとって身近な問題"に翻訳するために役立つはずだ。

- あなたがどちらでもないなら、本書のタイトルに魅力を感じたということであり、あなたがAIに関心を持っているということだろう。前節の断り書きを読み直していただきたい。**本書ではAIソリューションの開発方法は学べない。**本書で私が目指しているのは、読者がビジネス上の問いからスタートして、AIをインプットとする処方的ソリューションを生み出せるようになるよう支援することだ。

必要な知識

私は、さまざまなタイプの読者が読み通せるようなスタイルで本書を書いた。確率論、統計学、機械学習、経済学、意思決定理論の知識は前提として**いない**。

そのような知識を持っている読者は、本書の中で技術的に高度な部分が初歩的な内容に感じられるだろう。それはすばらしいことだ。しかし、これらのテクニックを使った価値創出のために大切なのは、技術的な細部ではなく、ビジネス上の問いに思考を集中させることだと私は思っている。ユースケースの部分をじっくり考えれば、直面している問題を解決するための新しい方法が多数見つかるはずだ。

これらの学問の基礎知識がない読者のために、私は、個々のユースケースで必要な重要項目について最小限の説明を加えるように努めた。もっと深く知りたいと思った

読者のために、私にとって役に立った参考文献のリストも示しているが、インターネットを利用すればもっと多くの参考文献が見つかるはずだ。深く知りたいと思わなくても、それはそれでかまわない。細かいところよりも広い全体像に集中し、直感力を強化することをお勧めする。そうすれば、社内の適切な人に適切な質問をできるようになる。

　本書から最大の価値を引き出すために必要不可欠なものは好奇心だ。ここまで読み進めてきたのなら、あなたはその点では問題ないはずだ。

凡例

　本書では次のような表記を使っている。

太字（Bold）
新しい用語、強調やキーワードフレーズを示す。

等幅（Constant width）
プログラムリストに使うほか、本文中でも変数、関数、データベース、データ型、環境変数、文、キーワードなどのプログラムの要素を示すために使う。

このアイコンはヒントやちょっとした知識を示す。

このアイコンは一般的な注記を示す。

このアイコンは注意すべきこと、警告を示す。

コード例の利用について

本書には付属資料（コード例、演習問題など）が用意されており、https://github.com/dvaughan79/analyticalskillsbookからダウンロードできる。

本書は、読者の仕事を手助けするためのものであり、一般に、本書のプログラム例は、読者のプログラムやドキュメントで自由に使ってよい。かなりの部分を複製するようなことがなければ、許可を取る必要はない。たとえば、本書の複数のコードを使ったプログラムを書くときには、許可は不要だが、O'Reilly Mediaの書籍に含まれているプログラム例のCD-ROMを販売、配布するときには許可が必要になる。本書の説明やプログラム例を引用して質問に答えるときには、許可は不要だが、製品のドキュメントに本書のプログラム例のかなりの部分を引用する場合は、許可が必要になる。

出典を示していただけるのはありがたいことだが、記載を強制するつもりはない。出典を示す場合は、一般にタイトル、著者、版元、ISBNを表示していただきたい。たとえば、「Daniel Vaughan著『AI技術を活かすためのスキル：データをビジネスの意思決定に繋げるために』（オライリー・ジャパン、ISBN978-4-87311-955-7)」のようになる。

コード例の使い方が公正使用の範囲を越えたり、上記の説明で許可されていないのではないかと思われる場合は、permissions@oreilly.comに英語でご連絡いただきたい。

意見と質問

本書（日本語翻訳版）の内容については、最大限の努力をもって検証、確認しているが、誤りや不正確な点、誤解や混乱を招くような表現、単純な誤植などに気がつかれることもあるかもしれない。そうした場合、今後の版で改善できるよう知らせてほしい。将来の改訂に関する提案なども歓迎する。連絡先は次の通り。

株式会社オライリー・ジャパン
電子メール　japan@oreilly.co.jp

本書のウェブページには、正誤表などの追加情報が掲載されている。次のアドレスでアクセスできる。

https://www.oreilly.co.jp/books/9784873119557/
https://oreil.ly/AnalyticalSkills_AI_DS (英語)

オライリーに関するその他の情報については、次のオライリーのウェブサイトを参照してほしい。

https://www.oreilly.co.jp/

https://www.oreilly.com/（英語）

謝辞

本書のアイデアの源泉は3つある。発想の第1の源泉は、メキシコシティのモンテレイ工科大学で開講している"経営者のためのビッグデータ"講座だ。本書の内容は、この講座の背骨となってきた。そのような意味で大学とEGADEビジネススクールには感謝している。大学は本書のアイデアを考え、議論し、講義するすばらしい場を提供してくれている。各期の学生たちが内容、プレゼンテーションの方法、ユースケースの改善に協力してくれた。彼らには感謝の言葉もない。

発想の第2の源泉は、テレフォニカ・モビスター・メキシコでのデータサイエンス責任者としての仕事と当時のすばらしいデータサイエンティストチームの同僚たちだ。彼らは熱気のある環境を作り上げ、常識に捕らわれない思考でビジネスステークホルダーたちに新しいプロジェクトを提案していた。

発想の第3の源泉は、今までのキャリアで関わりを持ってきたさまざまなビジネスパーソンたちであり、特にテレフォニカ・モビスター・メキシコの在任中に出会った人々だ。本書のアイデアが簡単に受け入れられたことは1度もなく、彼らが絶えず疑問点を突いてきてくれたおかげで、私は彼らのビジネスの見方についての理解を深め、一見無関係な2つの世界を結ぶ架け橋を作ることができた。

そして、最初から支援してくれた家族と友人たちに感謝している。最後に、我が家の犬、マチルダとドミンゴに感謝の気持ちを捧げたい。彼らは、本の執筆のために長時間働くときの仲間として申し分なく、いつも私を元気付けてくれた。これからは一緒に公園に行く時間ももっと作れるようになる。

最後になったが、編集を担当してくれたMichele Croninには深く感謝している。本書の説明の形は、彼女の提案によって劇的に改善された。初期の草稿に意見と感想を返してくれたNeal UngerleiderとTom Fawcettにも感謝している。そして、非常に詳細なコメントを残してくれたKaty WarrとAndreas Kaltenbrunnerには特に感謝している。みなさんのおかげで、本書はかなりよくなった。言うまでもないが、残された誤りの責任はすべて私にある。

目次

3章　ビジネス上の良い問いの立て方　　45

4章　アクション、レバー、意思決定　　69

## 1章

分析的思考とAIドリブン企業

この原稿を執筆している2020年4月現在、世界は新型コロナウィルスSARS-CoV-2による感染症（COVID-19）のために深刻なパンデミックに見舞われており、全世界で確認された患者数は数百万、死者は数十万に及んでいる[*1]。ネットで「coronavirus AI」を検索すれば、AIがこのパンデミックとの戦いで果たせる役割にスポットライトを当てる一流のメディアや研究機関による論文や記事が見つかるだろう（**図1-1**）。

このような論文、記事の見出しを見ると、むずがゆい気分になる人が多いだろう。それは、今日のAIができることの限界と比べて、AIがやけにスーパーヒーローっぽく扱われているからだ。今やそういう扱いがかなり当たり前のようになってきている。

[*1] ［訳注］2021年3月中旬の翻訳時におけるGoogleの情報では、感染者数1,19億人、死亡者数263万人。

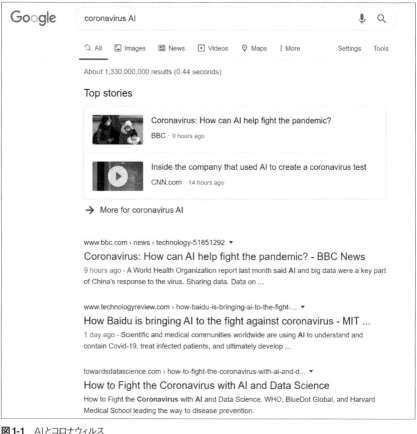

図1-1 AIとコロナウィルス

1.1 AIとは何か

"AI"（人工知能）という言葉に対する理解に基づいて世界中の人々を分類すると、私は次の4タイプになると考えている。

極端には、そんな言葉は聞いたことがないという人々がいる。もっとも、AIは今や民間伝承の1つとして広く知られ、映画、TV番組、本、雑誌、トークショーなどでもよく取り上げられるテーマになっているので、このグループに属する人はかなり少ないのではないかと思う。

　ほとんどの人々は、実務者たちが**汎用人工知能（AGI）**とか人間並みの知能と呼んでいるものをAIだと思っている第2のグループに属する。彼らから見ると、AIは人間と同じ仕事をこなし、意思決定できる人間そっくりの機械である。メディアはほとんど毎日のようにAIが私たちの暮らしをどのように変えているかというテーマを取り上げており、彼らにとって、AIはもうSF小説世界の虚構ではなくなっている。

　第3のグループである実務者たちは、明らかにAIという用語を嫌っており、それよりもかなり色気のない機械学習（ML）という用語を使いたがる。MLは、主として強力なアルゴリズムと膨大なデータを使って正確な予測を下すことを目的としている。そのようなアルゴリズムは多数あるが、MLの実務者たちがもっとも重用しているのはディープラーニング（深層学習）、すなわち深層ニューラルネットワーク（DNN）による学習というテクニックであり、今メディアからこの分野が注目されているのも主としてこのテクニックのためである。

　確かに、ディープラーニングは数年前なら人間以外には不可能だった問題にかなり強力に食らいつける予測アルゴリズムでもある。特に、画像認識や自然言語処理の分野では大きな進歩があった（Facebookが写真内の友達に自動的にラベルをつけたり、AlexaのようなバーチャルアシスタントがAmazonでの商品購入をサポートしてくれたり、インターネットに接続されている照明その他の家電製品を制御したりするのを考えるとよい）。

　読者の関心が技術的な細かい話に逸れるのは困るので、こういったテーマを学びたいなら、付録の参考文献を見てほしい。ここで私がはっきりさせておきたいのは、実務者たちは"AI"という言葉を見聞きしたときに"ML"のことをイメージし、彼らの頭の中では、AIとは**予測アルゴリズム**のことに過ぎないことだ。

　第4のグループは、AIを研究し、AIの分野を前進させているごく少数の人々であり、私が"専門家"と呼ぶ人々である。現在、ほとんどの資金はディープラーニングの限界を広げる作業に注ぎ込まれているが、一部ではAGIの実現を目的とするほかのテーマの研究も進められている。

　では、AIとは一体何なのだろうか。本書では、AIとMLを同じ意味の用語として使っていく。これは業界のスタンダードになったことだ。しかし、予測はAIの研究分野の一部であり、それ以外のテーマもあることを頭に入れておいてほしい。

1.2　現在のAIが約束を果たせていないのはなぜか

　AIが抱える問題は、人間並の知能を持つ機械のことをイメージさせずにはおかない名前自体から始まっているが、問題の原因を作っているのは名前だけではない。この分野のリーダーと目されている人々の一部が、短期的にはとても達成できそうにない期待を煽っているのも大きい。たとえば、そのようなリーダーの1人は、2016年に"正常な人間が1秒未満でできることならほぼ何でもAIで自動化できるようになった"（https://oreil.ly/IAFwY）と発言した。もっと慎重な人々もいるが、メディアが人々の興味を引く見出しを書く要因を提供しているのは、深層ニューラルネットワークがAGIを実現するための基礎になるという彼らの信念である。

　話が脇道に逸れた。本書の目的のために本当に大切なのは、この誇大広告が企業経営にどのような影響を与えてきたかだ。企業のCEOをはじめとする多くの重役たちが、AIで自分の業界を破壊すると言っているのをよく耳にする。彼らは自分の言葉の意味を完全には理解していないが、バブルが弾ける前の富を共有して有頂天になっているベンダーやコンサルタントに引き回されている。

　誇大広告はリスキーだ。期待が満たされなければ、自然な反応として、すべての資金が止まり、企業からの関心が失われる[*2]。本書の狙いは、今のところ人間並の知能からは程遠いものの、現在の技術を使って会社をAIドリブン企業に転換すれば大きな価値を生み出せることを示すことだ。そのためには、ビジネス上の意思決定能力を向上させるためのインプットとしてAIを活用するところから始めなければならない。

　しかしその前に、現状にたどり着くまでの経緯を知っておこう。そうすれば、現在のアプローチではまだ達成できないことや、すでに実現できるチャンスを理解するために役立つ。

1.3　どのようにして現状に至ったか

　図1-2は、株式の時価総額ベスト10のグローバル企業がどのように推移してきたかを示している。バークシャー・ハサウェイ（ウォーレン・バフェットのコングロマリット）、VISA、JPモルガン・チェースを除けば、すべての企業がIT分野であり、

[*2]　AI分野は、研究者に対する資金がほぼ完全に止まった"冬"の時代を少なくとも2回経験しているので、このリスクを痛いほどよく知っている。

データ/AI革命の恩恵を被ってきた会社である[*3]。額面どおりに受け取れば、データ/AI革命がこれらの会社に価値をもたらしたのなら、ほかの会社にも価値をもたらすはずだ。しかし、本当にそうなのだろうか。

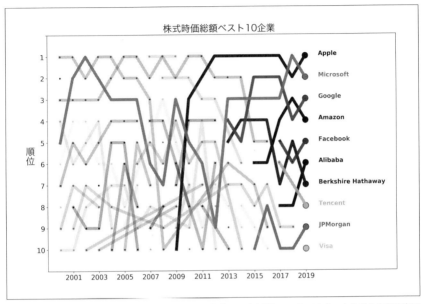

図1-2 株式時価総額ベスト10企業のランキングの変化（2018年以前にベスト10に入った企業の名前は表示していない）

　このような成功の背景には、つい最近になってようやく1つにまとまった2つのストーリーがある。それは、AIの発展のストーリーとビッグデータ革命のストーリーである。

1.3.1　データ革命

　ついこの間まで、IT報道の見出しを飾っていたのはビッグデータであり、AIの話題はほとんどなかった（2017年の『The Economist』によれば、ビッグデータは新しい石油だった〔https://oreil.ly/yePMT〕）。ビッグデータはどのようにして王座に就いたか、そしてつい最近になって意外にもAIがその地位を奪ったのはなぜかにつ

[*3]　2020年3月時点のWikipedia（https://oreil.ly/p3fdX）から収集したデータ。

いて簡単に振り返ってみよう。

　Googleが有名なMapReduce論文（https://oreil.ly/Dkd4x）を発表したのは2004年のことだった。MapReduceにより、企業は1台のマシンでは処理しきれない膨大な量のデータを複数のコンピュータで分散処理できるようになった。その後、Yahoo!がGoogleのアルゴリズムのオープンソースバージョンを作り、データ革命の口火を切った。

　IT評論家やコンサルタント会社が、データは企業に価値創出のチャンスを無限に提供すると言い出すまでにそれから2年かかった。当初この革命は、より大量の、多様で、すぐにアクセスできるデータという1本柱を中心として回っていた。しかし、旋風が成熟するにつれて、予測アルゴリズムとデータドリブンカルチャーという2つの柱が加わった。

◘ 3つのV

　最初の柱には、今や周知のものとなった**量**（volume）、**多様性**（variety）、**スピード**（velocity）の3つのVが含まれていた。インターネット革命により、企業はいつまでも増え続けるデータを手にした。2018年のある推計は、人類の歴史で作られたデータの90%は過去2年に作られた（https://oreil.ly/aNciU）と主張している。同じような計算はほかにもたくさんある。明らかに無限と言えるような情報を分析したければ、テクノロジーを修正しなければならなかった。大量になったデータを格納、処理するだけではなく、当時のデータインフラでは簡単に格納、処理できなかったテキスト、画像、動画、音声といった新しいタイプの非構造化データを相手にしなければならなくなった。

構造化データと非構造化データ

　第2のVである**多様性**は、構造化データだけではないあらゆるタイプのデータを分析することの重要性を強調するものだった。データのこのような分け方は初耳だという場合には、普段使っているスプレッドシートプログラム（エクセル、Googleスプレッドシートなど）のことを考えてみよう。この種のプログラムは、行と列の表形式で情報を組織する。この形式はさまざまな構造を表現できるため、ユーザーフレンドリーなインターフェイスの中で情報を効率よく処理できる。構造化データとは、このような行と列を使って格納、**分析**できるデータのことであり、スプレッドシートはその単純な例である。

では、エクセルに画像をコピーアンドペーストしたことはあるだろうか。コピーアンドペーストを使えば、画像だけでなく、大きなテキストや動画さえスプレッドシートに格納できる。しかし、ペーストできるからといって**分析**までできるわけではない。そして、効率的に格納できるわけでもない。圧縮形式などの効率的な形式を使えば、ディスクスペースを大きく節約できる。**非構造化**データセットは、表形式では効率よく格納できず、分析できない。そして、非構造化データにはあらゆるタイプのマルチメディア（画像、動画、ツイートその他）が含まれる。これらは企業に**大量**の貴重な情報を与えてくれる。であれば、使わない手はない。

このイノベーションが起きると、コンサルタントやベンダーは新テクノロジーを売る新しい方法を考え出した。ビッグデータ以前のエンタープライズデータウェアハウス（EDW）は、構造化データを格納、分析していたが、新時代には同じように新しいものが必要とされた。そして、ビッグデータを格納、分析できる柔軟性と計算能力を約束する**データレイク**が生まれた。

"線形スケーラビリティ"のおかげで、しなければならない仕事が2倍になれば、計算能力を2倍にすれば同じ納期に間に合わせられる。同様に、タスクが同じなら、インフラを倍にすれば、現在の半分の時間で処理できる。計算能力はコモディティハードウェアを追加するだけで簡単に増強でき、新しいハードウェアはすぐに使えるオープンソースソフトウェアのおかげで処理効率がよい。しかしそれだけではなく、データレイクは従来よりも多様なデータソースに高速にアクセスできるようにしてくれる。

量と多様性の問題が解決できれば、次はスピードであり、アクションに移るまでの時間、意思決定するまでの時間を短縮することが目標になる。そして今の私たちは、多様性の高い膨大な量のデータを、必要ならリアルタイム、またはほぼリアルタイムで格納、処理できるようになった。ITとノウハウに投資する気のある会社なら、3つのVはすぐにでも達成できる。にもかかわらず、富はまだ見えてこない。そこで、成功のためのレシピに予測とデータドリブンの新しい2本の柱が加わった。

❏ データ成熟モデル

データだけでは約束された価値は生み出されなかったので、新たな道案内が必要になった。複数のデータ成熟モデルが現れ、データ革命が生み出した荒れ狂う海を渡り切る力になることを約束した。**図1-3**に示すのはそのようなモデルの1つであり、ここではそれについて簡単に説明する。

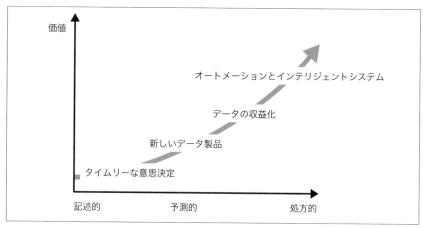

図1-3 価値創出の階層構造を説明するデータ成熟モデルの1つ

◘ 記述的段階

　左から始める。最初から明らかなことが1つある。より多くより良質でタイムリーなデータがあれば、ビジネスの現況をより精密に見ることができるはずだ。得られた情報に素早く反応できれば、間違いなく何らかの価値が生まれる。医療をたとえに使えば、病因を理解することだ。

　身体にセンサーをつけたところを想像してみよう。ウェアラブル端末を外付けするのでも、近く実用化される体内用のデバイスでもよい。これらは、今までよりも良質でタイムリーな健康データを大量に生み出す。その結果、心拍数や血圧が危険水域に入ったら、ほぼ同時にそのことを知り、数値を正常な状態に戻すために必要な処置を取れるようになった。同様に、睡眠パターンや血糖値を監視して生活習慣を改善できるようにもなった。十分に早く反応できれば、新しく使えるようになったデータのおかげで命拾いすることさえできる。このような過去のデータの記述的分析は、健康状態についての洞察を提供する。そして、価値を創出できるかどうかは、データにいち早く反応できるかどうかによって大きく左右される。

◘ 予測的段階

　しかし、過去のデータに反応したときにはもう遅すぎるということがよくある。もっとうまい方法はないだろうか。反応ではなく、予測的なアクションを取るというアプローチがある。十分強力な予測能力があれば、よりよいアクションを見つけ出す

時間を稼ぐことができ、価値を創出する新たなチャンスが手に入る。

この新しい段階では、レコメンドエンジン（Netflixにあるようなもの）などの新しいデータ製品が生み出され、データを収益化する新しい時代に進む。オンライン広告ビジネスはこのようにして生まれ、時代の重要な変曲点となった。**適切な人に適切なタイミングで適切な商品を販売する**というマーケターの夢が実現したのである。これらはすべて、データとデータからの予測のおかげで可能になったものだ。

オンライン広告の重要性

ビッグデータが生み出した富の大半は、オンライン広告の成功によるものだ。オンライン広告ビジネスの市場規模は大きく、高い利益を生み出す。ある推計によると、2023年にはオンライン広告のために世界中で5000兆ドルが使われる（https://oreil.ly/8dJ8a）という。数字だけではピンとこないというのなら、ベルギーのGDP（https://oreil.ly/K7BI7）に匹敵する額である。

このビジネスの2大プレイヤーといえば、GoogleとFacebookである。この2社は、主としてオンライン広告ビジネスで現在の地位を築き、AI分野でのスピーディな開発を実現している（買収による場合も多い）。

そのため、ビッグデータによるオンライン広告の成功が、現在のAIブームを準備する上で重要な役割を果たしたと言ってもよいかもしれない。

◘ 処方的段階

価値創出の階層構造の最上層は、私たちがインテリジェントシステムを自動化し、デザインできるようになった状態で、それを処方的段階と呼ぶ。十分な予測能力を持つようになれば、ビジネス目標の実現のために**もっとも**適したアクションを見つけられるようになる。ここは、企業が予測から最適化に移行し、データの神々の王国で王位に就く段階である。そして、面白いことにほとんどの成熟モデルがもっとも探究していないステップでもある。

1.4　実現されていない期待の物語

わずか15年未満のうちに、私たちはビッグデータ革命と現在のAIブームの2つの大きな活況を経験した。それなのに約束がまだ果たされていないのはなぜなのだろうか。

　私はデータ成熟モデルの熱心な支持者ではないが、答えはこのモデルの中にあると考えている。**ほとんどの企業は、まだ処方的段階に到達していないのだ。**ビッグデータは記述的段階であり、すでに述べたようにAIは主として予測を扱っている。過去5年間ですべてのものが準備されているのに、私たちが明らかに前進できていない理由は何かという問いに答えられていないのである。

　私は市場の力がその大きな要因になっていると確信している。つまり、旋風が起きると、市場のプレーヤーたちはすべての収穫を完全に取りつくしてから次の大仕事に取り掛かろうとする。まだ収穫を取りつくしていないので、前進しようという気にならないのである。

　しかし、処方的段階に進むためには、新しいタイプの分析スキルセットを獲得しなければならないのも事実である。現時点のテクノロジーでは、この部分を人間がしているので、問題を立てて処方的な解決法を得られるような人々を育成しなければならないのである。本書は、この目標に近づくことを目指している。

1.5　今日のAIドリブン企業に求められる分析スキル

　今や古典となったトーマス・ダベンポートの『Competing on Analytics』（Harvard Business Press）（邦訳版『分析力を武器とする企業：強さを支える新しい戦略の科学』日経BP）は、その後データドリブンと呼ばれるようになったものを分析的思考とほぼ同一視している。"分析（analytics）とは、データの発展的な利用、統計的／定量的な分析（analysis）、説明／予測モデル、事実に基づく意思決定／行動のマネジメントのことである"*4。これとは別の定義として、アルバート・ラザフォー

---

*4　［訳注］analysis、analyticsは、日本語ではともに"分析"または"解析"と訳すしかなく、違いが明確になるように訳すことはできない。しかし、analysisは関連語としてanalyzeという動詞を持つのに対し、analyticsは関連語としてanalyticまたはanalyticalという形容詞を持つという違いがある。analysisの関連語の形容詞、analyticsの関連語の動詞はないようなのである。Google検索でanalyticsとanalysisの違いについての英語の説明を検索すると、analysisは個別のデータの分析で、analyticsはそれらの分析全体を指す言葉だとしているものがいくつか見られるが、analysisは動詞になるのに対し、analyticsは形容詞にしかならないというところから何となく理解できる感じがする。本書では、analytics、analisisのどちらも「分析」と訳すことにする。"分析的"と形容詞的に訳されているときの原語はanalytic、analiticalであり、"分析する"と動詞的に訳されているときの原語はanalyzeである。"分析"という名詞になっている場合、個別具体的な感じがあれば原語はanalysisである場合が多いだろうし、一般論的な感じがあれば原語はanalyticsである場合が多いだろう。しかし、この部分のように、両者の区別を明示する必要があるときを除き、両者の違いをいちいち示すことはしない。

ドの『The Analytical Mind』（自主出版）には、"分析的スキルとは、単純に言えば問題解決のスキルである。最良の解（ソリューション）を求めるために、問題に対して論理的、合理的に向き合っていける性質、能力のことだ"というものが見られる。

本書では、**分析的思考**とはビジネスの問題を**処方的ソリューション**に書き換える能力と定義する。この能力には、データドリブンの姿勢を取ることと、問題を合理的、論理的に解決できることの両方が含まれるので、今紹介した2つの定義の両方を含むことになる。

話を現実的、実践的なものにするために、本書ではビジネスの問題とはビジネス上の**意思決定**、判断のこととする。私の関心は分析に基づく**意思決定**によって価値を創出することなので、純粋に情報であってアクションにつながらない問題は、ある種の企業にとって本質的な価値となるものではあるが、本書では取り上げない。ほとんどの意思決定は、実際の帰結を知らずになされる。そのため、AIは、この本質的な不確実性を緩和するための武器になる。このアプローチのもとでは、予測テクノロジーは私たちの意思決定プロセスに対する重要な**インプット**だが、**最終目的**ではないことに注意しよう。私たちがすでに最適に近い選択をしているかどうかによって、予測品質の向上は1次的な意味を持つ場合もあれば、2次的な意味しか持たない場合もある。

1.6　この章の重要な論点

- **ほとんどの企業は、持続可能で系統的な形でデータやAIから価値を創出できていない。** にもかかわらず、多くの企業はすでに失望という壁にぶつかるだけの旅に足を踏み出している。

- **今日のAIは予測のことである。** AIは人工知能という詐欺的な名前のために誇大広告になっているが、それだけでなく、予測精度が上がることで達成できることなどたかが知れているという意味でも誇大広告になっている。今のAIは、ほとんどディープラーニングのことだ。深層ニューラルネットワークは、イメージ認識や自然言語処理の分野で顕著な成功を収めている高度に非線形な予測アルゴリズムである。

- **AI以前にはビッグデータ革命があった。** 現在のAI旋風の前にはデータ革命があり、同じようにビジネスに顕著な成果を生み出すと約束していた。データ革命は3つのV（量、多様性、スピード）を柱としていたが、その後になって予測アルゴリズムとデータドリブンカルチャーが柱に加わった。

- **データと予測自体は持続可能な価値を創出できない**。データ成熟モデルは、データドリブンな形で最適な意思決定をすれば価値が創出されるとしている。そのためには、意思決定プロセスの入力としてデータと予測が必要になる。
- **処方的な段階で成功を収めるためには新しいタイプの分析スキルセットが必要である**。現在のテクノロジーでは、ビジネスの問題を処方的ソリューションに書き換えるプロセスを自動化できない。書き換えの過程全体に人間が介在しなければならないので、データ/AIドリブンの意思決定から得られるはずの価値をすべてすくい取るためには、自らのスキルセットを引き上げなければならない。

1.7　参考文献

　2019 〜 2020年は、AIで達成できることの限界について非常に興味深い論争が行われた時期だった。ゲイリー・マーカスとヨシュア・ベンジオがモントリオールで行った討論は実際に見ることができる（https://oreil.ly/MSCrc）。本のほうがよければ、ゲイリー・マーカス、アーネスト・デイビス著『Rebooting AI: Building Artificial Intelligence We Can Trust』（Pantheon）には、多くの人々がAGIを達成するための方法としてのディープラーニングに批判的な理由が詳しく書かれている。

　AIがビジネスに与える影響に関しては、アジェイ・アグラワル、ジョシュア・ガンズ、アヴィ・ゴールドファーブ共著『Prediction Machines: The Simple Economics of Artificial Intelligence』（Harvard Business Press）（邦訳版『予測マシンの世紀：AIが駆動する新たな経済』早川書房）を強くお勧めする。本書は、経済学者とAIストラテジストがAI旋風から遠く離れたところで現在のAIについて現実に即した形で説明しており、非常に貴重な存在である。彼らの主要な論点は、最近の開発の進展により、企業内の予測作業はコストが大幅に下がる一方で品質は上がり続けており、企業はビジネスモデルを転換すべき大きなチャンスを迎えているというものだ。アンドリュー・マカフィー、エリック・ブリニョルフソン共著『Machine, Platform, Crowd: Harnessing Our Digital Future』（W. W. Norton and Company）（邦訳版『プラットフォームの経済学：機械は人と企業の未来をどう変える？』日経BP）も経済学者による本で、データ、AI、デジタルトランスフォーメーションがビジネス、経済、社会全体にどのような影響を与えているかを論じている。

　データ成熟モデルは複数の本で取り上げられている。トーマス・ダベンポート、

ジェーン・ハリス共著『Competing on Analytics』(Harvard Business Press) (邦訳版『分析力を武器とする企業：強さを支える新しい戦略の科学』日経BP)、トーマス・ダベンポート著『Big Data at Work: Dispelling the Myths, Uncovering the Opportunities』(Harvard Business Press)、ビル・シュマルゾ著『Big Data: Understanding How Data Powers Big Business』(Wiley) などがある。

　私たちが追求しているAGIの達成という目標についてもっと学びたい方には、ニック・ボストロム著『Superintelligence. Paths, Dangers, Strategies』(Oxford Univeristy Press) (邦訳版『スーパーインテリジェンス：超絶AIと人類の命運』日本経済新聞出版) をお勧めする。同書は、知能とは何か、超知能はどのようにすれば生まれる可能性があるか、このような開発がはらむ危険は何か、社会にどのような影響を与えるかについて多くのページを割いて深く論究している。マックス・テグマーク著『Life 3.0. Being Human in the Age of Artificial Intelligence』(Vintage) でも、同じようなテーマが取り上げられている。

　最後にポッドキャストでは、レックス・フリードマンのArtificial Intelligence (https://lexfridman.com/ai) をお勧めする。この分野のリーダーたちへのインタビューにも優れたものが多数あり、AIの現状を詳しく知るために役に立つはずだ。

## 2章

分析的思考入門

　前章では、**分析的思考**とはビジネスの問題を処方的ソリューションに書き換える能力だと定義した。この定義から導き出されることはたくさんある。この章ではそれを明らかにする。

　処方的ソリューションの力を本当の意味で理解するために、まずビジネス上の意思決定の分析にかならず含まれる3つの段階を精密に定義する。それは、「1章　分析的思考とAIドリブン企業」ですでに触れた記述的、予測的、処方的段階である。

　分析のための必須スキルには、まず最初に正しいビジネス上の問いを組み立てられる能力が含まれるので、このテーマについても簡単に触れておく。ネタバレになるが、本書で扱うビジネス上の問いは、意思決定を含むものだけだ。次に、意思決定をレバー（アクション）、帰結、ビジネスインパクトに分割する。レバーと帰結は**因果関係**によって結ばれている。そのため、このテーマの説明にはかなりの時間を費やすことになる。最後に、意思決定において不確実性が果たす役割について述べる。これらのテーマは、本書全体を通じて伸ばしていく1つのスキルにつながっていく。

レバーとは何か
本書における "レバー" とは、"アクション" や "意思決定" のことであり、"あるビジネス上の成果を得るために、レバーを引きたい" という表現は、適切なアクションや判断を探しているという意味である。

2.1　記述的、予測的、処方的な問い

　「1章　分析的思考とAIドリブン企業」では、一般にデータ成熟モデルが記述的段階からスタートし、長い予測的段階を経て最終的に処方的段階の頂点に上り詰めるなだらかな道のりを描くと言った。しかし、なぜそうなのだろうか。まず、これがどういう意味なのかを理解する必要がある。すると、評論家や実務者がデータ発展の自然

な過程はこのようなものになると考えているのはなぜかを考えられるようになる。

　噛み砕いて言うと、**記述的**とはものごとがどういうものか、**予測的**とはものごとがどうなるか、**処方的**とはものごとがどうあらねばならないかということである。ゲーム・オブ・スローンズの"龍との舞踏"の回でティリオン・ラニスターが"それが何であるかと、何であるべきかは混同されやすい。特にそれが上手くいってるときがそうだ"と言っていることについて考えてみよう。ティリオンは、ものごとがうまくいったときには、記述的な説明と処方的な説明を混同しがちだと言っているようだ。これは確証バイアスの一形態だということができるだろう。ちなみに、成果が悪い場合には、私たちはそれを最悪の結果だったと考え、マーフィーの法則的なもののせいでそうなったと片付ける。

　いずれにしても、今の話が示すように、処方的な段階とは、異なる選択肢にランクを付けて"最高"とか"最悪"といった言葉が意味を持つようになる状態である。そのため、かならず最良の意思決定を下せる処方的な段階が記述的な段階よりも劣ることは決してない。

　では予測はどうか。2番目の段階だとすることには少なくとも問題があるということにはならないだろうか。記述は現在の状態、処方は**意思決定の質**に関わる言葉だが、予測は意思決定のためのインプットであり、その意思決定は最適かどうかはもちろん、よいかどうかさえわからない。すべての成熟モデルには、問題の中に潜む不確実性についてよりよい予測ができれば、意思決定の質は上がるという暗黙の前提がある。よい予測があれば、ほとんどあるいはまったく操作の余地のない過去に反応するのではなく、あらかじめ計画を立て、積極的に動くことができるというのである。しかし、予測とは必ずしもビジネスを改善するようなものではなく、これは実際には暗黙の仮定に過ぎない。

2.1.1　予測的分析が力を発揮するとき：がんの発見

　予測がよければ大きな違いが生まれるがんの発見 (https://oreil.ly/00Otb) について考えてみよう。がんの専門医たちは、さまざまな病態の早期発見のためにX線やCTスキャンといった視覚的な補助手段を使う。肺がんの場合、X線写真やCTスキャンは、患者の現在の健康状態の記述である。しかし、病状がかなり進んでいるような場合でもない限り、肉眼でそれらを見てもあまりよい成績は得られない。この場合、記述自体では、積極的な治療のための時間は稼げないかもしれないのである。AIは、最終的に悪性化しそうな場所を見つけ出せるようにして、CTスキャンから

の肺がんの発見（https://oreil.ly/8ZU6D）で顕著な成果を挙げた。しかし、予測によってできることはそこまでである。完全な回復のためには、医師が患者に正しい行動指針を示さなければならない。AIは予測のための力を提供するが、規範となる治療法を考えるのは人間である。

2.1.2 記述的な分析：顧客離反

次に、ほとんどの企業が行っている記述的分析の例を取り上げてみよう。ビジネス目標という指導原理がなければ、私たちはこのタイプの分析のために行き詰まる場合があることを示す。

離反とは何か

この用語を知らない人のために言っておくと、（顧客）離反率とは、時間の経過とともにその会社の商品やサービスを使わなくなる顧客の割合のことである。たとえば、ある会社の離反率が月5%なら、月の初めにその会社の商品を買っていた100人の顧客のうち5人が月末には買わなくなっている。容易に想像できるように、正確な定義は業界ごとに異なり、予想購入頻度によっても大きく変わる（クレジットカードのことを考えてみよう）。

企業が離反を意識するのは、一般に顧客獲得コストのほうが維持コストよりもずっと大きいからであり、積極的な離反管理戦略を持つことはそれ自体で1つの目標になっている。

◻ 離反の記述

上司が顧客の離反を管理できるようにしたいと考えていたとする。彼女は第一歩として問題の大きさを診断するよう指示してきた。あなたはデータ整理の末、次の2つのグラフを作った（**図2-1**）。左のグラフは日々の離反率を時系列的に示したものである。あなたはこのグラフから確信を持って2つのことを指摘した。1つは、年初には比較的安定していた離反率が最近になって上がってきていることであり、もう1つは、週末の離反率が平均よりも顕著に低いというパターンがあることである。右側のパネルは、平均収入が高い市町村のほうが離反率が高いことを示している。これは、もっとも大切な顧客が他社に流れているかもしれないということであり、心配の種になる。

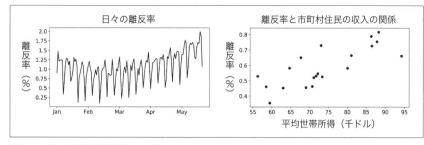

図2-1　会社の離反率の記述的な分析

　これは記述的分析で達成できることは何かを示すすばらしい例である。データに含まれるパターンを認識できる人間の卓越した能力の賜物だ。この場合、私たちはトレンドの中の変化（離反が加速している）と強い周期的なパターン、離反率と平均世帯所得の間の正の相関をすぐに読み取ることができた。

　しかし、この例は記述的分析の欠点もよく示している。まず第1に、あなたもおそらく聞いたことがあるはずだが、**相関関係があるからといって因果関係があるとは限らない**。このテーマについてはこの章の中で詳しく論じるつもりだ。これに関連して言うと、根本原因分析を成功させるためには、原因と効果についての理論を組み立てる人間の能力が必要になる。そのような理論がなければ、会社の状況を改善するための新しい行動指針は作れない。何らかの妥当な説明を見つけることを考えずにデータを見ていたのでは、アナリティクス／データサイエンスチームが貴重な時間を浪費するだけになる。

アクショナブルな洞察の発見に潜む罠

　コンサルタントやビッグデータソリューションのベンダーは、自分たちに十分なデータを提供してくれれば、お客様の会社のデータアナリストやデータサイエンティストたちは**アクショナブルな洞察**を手に入れられるようになるという宣伝文句をよく使う。

　これは、ビジネスパーソンや初心者の実務者たちが陥りやすい罠だ。何らかのデータがあり、時間をかけてそれを十分調べれば、魔法のようにアクショナブルな洞察が生まれてくると思ってしまうのだ。私は、アクショナブルな洞察が現れるのを待って何週間も費やしてしまったものの、幸運に恵まれなかったチームをいくつも見ている。

　経験を積んだ実務者たちは、この問題を逆算する。まず問いを立てて仮説を作ってから、データの記述的な分析を使って仮説を支持／棄却する証拠を探すのである。2つの方法の違いに注意しよう。このアプローチでは、まずどこで探すかを決めることによっ

て積極的にアクショナブルな洞察を探しに行く。混沌の中からアクショナブルな洞察が現れるのを待っているわけではないのだ。

◻ 離反の予測

上司は次のステップとして将来の離反を**予測**してくれと言うかもしれない。あなたは仕事をどのように進めたらよいだろうか。それはこの分析によって何を達成したいかによって変わる。たとえば、財務部門に所属していて次の四半期の損益計算を知りたい場合は、将来の総離反率を予測できれば満足できるだろう。しかし、販売促進部門に所属していて、顧客の引き留めのためにいつもとは異なるキャンペーンを試そうとしているときには、それではどのような顧客が離れるリスクがあるかを知りたいだろう。

◻ 離反減少の処方箋となる行動指針の作成

最後に、上司が離反率を**減少**させるための新しい行動指針を生み出せと求めてきたとする。これは、処方的なツールキットが役に立つ場面であり、優れた意思決定がもっとも評価される場面である。あなたは離反防止の費用便益分析を行い、顧客生涯価値（CLV）を最大化するための方法を提案することになるだろう。

顧客生涯価値（CLV）

顧客の価値はどのように評価すればよいのだろうか。個々の顧客の現在の価値を評価する方法もあるが、このような短期的な評価では抜け落ちるものがある。企業は獲得、維持、マーケティングのためにずっと顧客に投資し続けており、そういった投資を評価するためには、売上面でも長期的な評価が必要になる。

何十年も前に資産としての顧客（https://oreil.ly/gP0kd）という考え方が生まれた。このアプローチでは、顧客から得られる利益の**ストリーム**が適切な指標だと考えられている。ストリームに注目する場合、顧客はいつでも会社を乗り換える可能性があるので、この不確実な時間の範囲を分析に組み込むのが難しい。

CLVは、1人の顧客が会社の商品／サービスを使い続ける期間全体から得られる総利益から、将来のキャッシュフローを割り引いた現在価値を計算したものである。

たとえば、月々の離反防止コストを1%とし、新規顧客が会社の商品／サービスを今後1年買い続け、月々1ドルの利益を提供するとした場合、年間CLVは $\$1 + \$1/(1.01) + \$1/(1.01)^2 + \cdots + \$1/(1.01)^{11} = 11.4$ ドルとなる。

> 　実際には、CLVの計算のためには、時間とともに利益がどのように変わるか、顧客
> が会社と関わり合う期間がどれぐらいになるかの推定も必要になる。

　このユースケースについてはあとでもっと詳しく見ていくが、ここでは処方的分析
の2つの特徴を挙げておくことにしよう。第1に、今までの2つの分析とは異なり、
処方的分析は、会社の地位を上げるために、離れそうな顧客を引き止めるという行動
指針を積極的に推奨している。第2に、予測は**期待される**コスト削減額の計算を助け
ることを通じて、意思決定のためのインプットとして使われる。AIは、提案される
意思決定のために必要なこれらの数値の推定の品質を上げるために役に立つ。しか
し、価値を生み出すのは、予測自体ではなく、意思決定である。

　本書の目的の1つは、ビジネス上の問いを処方的なソリューションに書き換えるた
めの準備を整えていくことなので、まだ書き換え方がわからなくても気にする必要は
ない。本書では、多数の実例をステップバイステップで見ていくつもりだ。

2.2　ビジネス上の問いとKPI

　本書の基本的な立場は、**意思決定**が価値を生み出すという考え方である。そのため、
機械学習という形の予測は、価値を生み出すための入力に過ぎない。本書でビジネス
上の問いを話題にするときには、かならず意思決定が念頭にある。ビジネス上の問い
の中には、純粋に情報の問題でアクションを促したりしないものも確かにある。しか
し、私たちの狙いはシステマティックに価値を生み出すことなので、本書ではアク
ショナブルな問題だけを対象としていく。実際、本書の副次的なメリットとして、意
識せずとも実行可能な洞察ができるようになるという点もある。

　ここで1つ、**なぜ**意思決定が必要なのかという疑問が浮かぶ。この問いに答えられ
なければ、意思決定がどれほど適切なものであったか、あるいはそうでなかったかを
計る方法が考えられない。関連するエビデンスで判定できないような意思決定は捨て
なければならない。そのため、業績を継続的に管理するための正しい指標の選び方を
学ぶ必要がある。データサイエンスプロジェクトとそれによる意思決定の多くが失敗
するのは、使った論理に問題があるからではなく、指標が問題に対して適切でないか
らである。

　正しい重要業績評価指標（KPI = Key Performance Indicator）の選択方法につ
いては文献が豊富にあり、このテーマに私が付け加えるべきことはほとんどない。私

が目を付けるのは、**関連性**と**計測可能性**である。ビジネス目標**との関係で**意思決定の結果を明確に評価できるKPIには、関連性がある。ビジネス上の問いがどれだけ適切だったかは関係がないことに注意しよう。意思決定がビジネス目標のために機能したかどうか、それはどの程度だったのかを評価できることが大切だ。そのため、優れたKPIは計測可能でなければならない。そして、意思決定の時点からの遅れがほとんどあるいはまったくないものでなければならない。タイムラグのある指標は、機会コストを生むだけでなく、根本原因の特定が難しくなるという点で問題がある。

2.2.1　ロイヤルティ問題に対するソリューションの成否を測るためのKPI

　1つの例を簡単に見てみよう。最高マーケティング責任者がロイヤルティプログラムを創設した場合の効果を評価せよと指示してきたとする。この問題はアクション（つまり、ロイヤルティプログラムを創設するか否か）につながるものなので、私たちの立場からはすぐにビジネスの問題だと判断できる。では、どの指標を選ぶべきだろうか。この問いに答えるために、**なぜなぜ分析**という問いを立てよう。

なぜなぜ分析
次の例は、引き上げたいビジネス指標を見つけるためのテクニックで私が**なぜなぜ分析**と呼んでいるものの具体例になっている。
あなた、上司、同僚があなたに何を達成してほしいと思っているかからスタートし、その目標に注目している理由を次々に問うていく。1つの答えが得られたら次はその答えに注目する理由を答える。答えに満足したところで止めてよい。なお、満足するためには、注目している成果と関連性がある計測可能なKPIがあって、結果を定量化できなければならない。

私たちの**なぜ**は、次のようになる。

- ロイヤルティプログラムを作る。**なぜ？**
- 愛用者になってくれている顧客に報奨を贈りたいから。**なぜ？**
- 顧客が自社と長く付き合うほど得するようにしたいから。**なぜ？**
- 長期的な売上を増やしたいから。**なぜ？**

　そしてもちろん、このリストはまだ続けられる。大切なのは、通常これらの問いに対する最終的な答えによって、与えられた課題に関連性のあるKPIが明らかになることであり、中間的な指標も役に立つことだ。それらの指標が計測可能でもあるなら、課題のための正しい指標が見つかったということになる。

　たとえば、第2の問いについて考えてみよう。なぜ、会社の商品/サービスを愛用してくれる顧客に報奨を贈ろうと思うのだろうか。彼らはすでに外部的な動機なしに会社の商品/サービスを愛用してくれているので、報奨が裏目に出る場合さえあり得る。しかし、愛用の理由はさておき、愛用してくれることになぜ意味があり、報奨の効果を計測してどうしようというのだろうか。愛用してくれること自体には意味はないが、愛用者はそうでない顧客よりも将来安定的な収益ストリームを約束してくれるから大切なのである。それで腑に落ちないなら、愛用しているが**儲けにならない**顧客について考えてみよう。そのような顧客が愛用してくれることを以前と同じように高く評価できるだろうか。愛用してくれること自体が目的でないなら、**なぜ**を問うことを続けていくべきだ。

　話を先に進めるために、いずれにしても愛用者に報奨を贈ることにしたとする。ロイヤルティプログラムに効果があったかどうかをどのようにして計測すればよいだろうか。つまり、この問題のために適切なKPIは何だろうか。よく使われているのは、NPS（ネットプロモータースコア）のように直接顧客に尋ねるというものである。NPSの計算では、顧客にメーカー/プロバイダーとして私たちの会社を他人に勧めるかどうかを0～10までの数値で答えてもらう。回答に基づき、顧客を**推奨者**（9～10）、**中立者**（7～8）、**批判者**（0～6）に分類する。推奨者の割合から批判者の割合を引いてNPSを計算する。

　この方法の長所は、非常に**直接的な**評価だということだ。何しろ顧客のもとに出向いて報奨を評価するかどうかを尋ねるのである。これ以上直接的な方法はない。しかし、問題は人間が動機に基づいて行動することだ。そのため、回答が本当のものか、何らかの動機のためにシステムをたぶらかそうとしているのかは一般に見分けられない。意思決定の効果を評価するときには、この種の戦略的な思考が重要な意味を持つ。

　NPS以外では、顧客の行動から満足度を間接的に**暴く**という方法もある。たとえば、最近の取引の頻度を計測したり、適切な対照群を設けて報奨を受け取った顧客の離反率が下がっているかどうかを調べたりすればよい[1]。会社は顧客調査を繰り返す

---

[1]　実験、A/Bテストのデザインについてはこの章の中で後述する。

ことになるはずであり、それは豊かな情報源となり得るものとして扱う必要がある。しかし、顧客の言動が一致しているかどうかを常にチェックすることが大切だ。

2.3　意思決定の構造：単純な分解

　図2-2は、ビジネス上の意思決定を分解して理解するために私たちが使うことになる汎用フレームワークを示している。右から見ていくようだが、**かならずビジネス上の問いからスタートする**ということをここでもう一度繰り返しておきたい。ビジネス上の問いが不明確だったり曖昧だったりするなら、おそらく意思決定をすべきではない。多くの企業はアクションしないよりアクションしようというバイアスを持っているので、成果を生まない意思決定をすることがある。そのような意思決定は、ビジネスに意図せぬマイナスの帰結を生み出すだけでなく、従業員のやる気や活力を削ぐ場合がある。しかも、今までの議論により、ビジネス目標は関連性のあるKPIで計測できて当然だと考えるようになっている。これは、指標がひとりでにわかると言っているわけではない。あとの例ではっきりするように、指標は慎重に選ばなければならないのである。

　一般に、ビジネス目標は自分たちで単純に操作できるものではない（エンロン事件のことを思い出そう〔https://oreil.ly/Dh_H4〕）ので、結果を生み出すためには何らかのレバーを引く、つまり何らかのアクションを起こす必要がある。アクション自体は、ビジネス目標に直接影響を与える一連の帰結を生み出す。ここではっきりさせておきたいのは、レバーを引くのは**私たち**だが、ビジネス目標は"環境"が反応して得られる帰結によって左右されることだ。後述するように、環境は人間になることもテクノロジーになることもある。

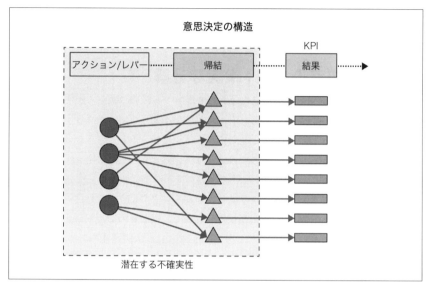

図2-2 意思決定の構造：アクション、帰結、結果（ビジネスインパクト）

　たとえ、アクションと帰結の対応がわかりやすくても（ほとんどの場合はそうではないが）、意思決定の時点では帰結がどうなるかを正確に知ることはできないので、何らかの不確実性が作用する。私たちはAIの力で潜在する不確実性を緩和し、よりよい意思決定をできるようにしようとしている。しかし、間違えてはならない。**価値は意思決定によって生み出される。予測はよりよい意思決定のためのインプットに過ぎない。**

アクション、帰結、結果の違い
ビジネス上の意思決定で帰結が果たす役割がわからないという読者のために例を示そう。ビジネス目標は売上の増加だとする。そのために価格設定のレバーを引き、顧客のために値引きの判断を下したとする。このアクションの帰結は、顧客が会社の商品のために使う金額が増えることであり、これが売上増につながる。

- **アクション**：値引きの実施
- **帰結**：会社の商品に対する顧客の需要の上昇
- **成果（結果）**：売上増

以上をまとめると、日常生活やビジネスでは、私たちはじっくり選んだ計測可能な目標を追求する。意思決定とは、目標を達成するために競合するアクションの中から適切なものを選ぶことである。データドリブンな意思決定とは、エビデンスに基づいてほかの行動指針を評価することだ。処方的な意思決定とは、私たちにとって最高の結果を生み出すアクションを選ぶための科学である。そこで、計測可能で関連性のあるKPIに基づいて選択肢にランクを付けられるようにならなければならない。

2.3.1 具体例：あなたはなぜこの本を買ったか

私たちがする**すべて**の意思決定でこの分解がどのように機能するかは、具体例から明らかにできる（**図2-3**）。この本を買うことにしたあなたの意思決定について取り上げてみよう。これはすでにした意思決定だが、ほかのアクションを選んだ可能性は間違いなくあった。最初はいつもビジネスの問題なので、あなたがどのような問題を解決しようとしていたのかを想像してみたい。

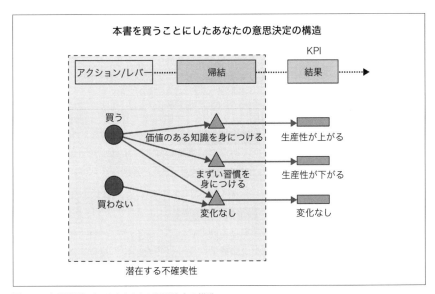

図2-3 本書を買うことにしたあなたの意思決定の構造

本書を買うことにしたときにあなたにどのような目的があったのかはわからないが、私なら自分のキャリアを伸ばすことが目的だっただろう。そこで、あなたが引き上げたいと思っている指標はあなたの生産性だとする。そして、KPIの議論をして

きた都合上、それは計測可能だと考えることにする。

あなたは今本書を読んでいるので、面白そうな細部はすべて無視して、取りうるアクションは買うか買わないかのどちらかだとする。図が示すように、本書を買った帰結としては、価値のある知識を身につけるか、まずい習慣を身につけるか、何も学ばないかという3つが少なくともあり得る。帰結がどれであっても、あなたの生産性に影響を及ぼすだろう。

本書を買わなくてもさまざまなことが起こり得る。たとえば、突然ひらめきが次々にやってきて、仕事に含まれる複雑な"ひだ"がわかってきて、生産性が大きく上がるかもしれない。しかし、私たちはオッカムの剃刀に従い、知識と生産性は変わらないというもっとも妥当に感じられる帰結だけを考えることにしよう。

オッカムの剃刀

ある問題の妥当な説明方法がたくさんある場合、オッカムの剃刀という原則はもっとも単純なものを選べと教える。同様に、統計学で成果を説明するモデルがたくさんある場合、この原則に従えば、もっともシンプルなモデルを選ぶことになる。

まだよくわからなくても気にする必要はない。本書には、単純化のスキルを磨くための方法だけを扱う章、「5章　アクションから帰結まで：単純化の方法」がある。

最後になるが、この問題には、意思決定の時点ではどのような帰結になるかはわからないという難点がある。たとえば、あなたの期待に反し、オライリーが本書、または著者と契約したのは何かの間違いだったかもしれない。残念ながら、それがわかるのは本書を読んだあとだ（だから、読んでいただきたい）。この具体的な意思決定の事例に潜在する不確実性はこれだ。

このような単純な事例でも、解決すべき問題、一連のレバー、レバーを引いたときの帰結、潜在する不確実性を明確かつ論理的に見つけるために単純なアクションが役立つことに注意しよう。この分解方法は、どのような意思決定にも使える。

2.4　因果関係入門

分解の各ステージを1つずつ細かく見ていくのはあとの章に入ってからなので、これらのレバーがどこから出てくるのか、レバーがどのように帰結を生み出すのかを理

解するための時間はまだ十分ある。しかし、ここで立ち止まり、レバーが帰結を生み出す過程が**因果関係**の力に媒介されていることを頭に入れておくことが大切だ。

"相関関係があるからといって因果関係があるとは限らない"という言葉に戻ろう。いかに繰り返しこの言葉を聞いたとしても、両者を混同することはよくある。私たちの脳は強力なパターン認識マシンに進化しているが、単なる相関関係から因果関係を見分けることについてはあまり得意ではない[*2]。

2.4.1 相関関係と因果関係の定義

厳密に言うと、相関関係とは、2つ以上の変数の間に線形な依存関係があるかどうかということである。少し砕けた言い方をすると、2つの変数に"連動する"傾向があれば、両変数には相関関係がある。

因果関係は相関関係よりも定義が難しいので、ほぼすべての人が使っているショートカットを使うことにしよう。因果関係は、原因と結果の関係であり、X が（部分的に）Y へ影響を及ぼすのなら、X は（部分的な）Y の原因であるという。"部分的に"という限定が使われているのは、ある要因が因果関係の唯一の原因になっていることはまずないからだ。

因果関係は、**反事実**という考え方によっても定義できる。すなわち、X が起きていなければ果たして Y は観察されただろうか？　その答えがイエスだというのならば X から Y への因果関係はなさそうだといえる。ここでも"なさそうだ"という限定が重要になるが、それは先ほどの"部分的に"という限定と関係している。正しい条件の組み合わせがない限り現れない因果関係というものはある。

図2-1のような散布図は、2つの変数の間の相関関係を見事に表現するが、因果関係があるかどうかを理解するためには役に立たない。両方向で反事実の問いを考え、オッカムの剃刀を使ってもっともらしいいくつもの解釈のうち一部を選ぶのが普通である。

2.4.2 因果関係の推定に含まれる難しさ

私たちは最適な意思決定方法についてエンジニアリングを試みようとしているわけ

[*2] 公平に言えば、この明らかな欠陥を計算に入れても、私たちが知る限り、人類はもっとも高度に因果関係を理解する生物であり、マシンよりも無限に優れている（本稿執筆時点では、マシンには因果関係を理解する能力がまったくなく、マシンが将来この能力を身につけるのか、そもそもそれが実現可能なのかどうかは明らかではないので）。

で、 $X \Longrightarrow Y$ というレバーを引いたら Y という成果が生まれるという因果関係が推定できれば非常に大きな意味がある。このレバーとエンジニアリングという類似性はたまたまのものではない。現代のアナリストは、摩天楼、橋梁、自動車、飛行機などを構築するために物理法則の知識が必要な技術者たちと同じように、最良の意思決定をするために、アクションとその帰結の仲立ちとなる因果関係の法則をある程度まで理解する必要がある。そして、これは人間がしなければならないことでもある。意思決定プロセスのあとの段階でAIが役に立つことはあるが、因果関係のハードルはまず人間が越えなければならない。

◘ 難点1：反事実は観測できない

　今までの節でも述べてきたように、因果関係の特定をとても難しくする問題はいくつかある。第1の難点は、私たちが観測できるのは事実だけであり、**反事実**のシナリオは想像するしかないことだ。分析的思考の実践者は、実証的な結果からの最初の解釈に疑問を持ち、検証すべき反事実を考え出すスキルを伸ばさなければなければならない。このスキルは最重要スキルの1つだ。別のレバーを引いたり、別の条件で同じレバーを引いたりしたときに、帰結は変わるのだろうか。

　ここで少し立ち止まってこの問いの意味をじっくり考えてみよう。テレマーケティングでリードからのコンバージョンを上げる方法を探しているものとする。大学でフロイト派の精神分析学の授業をとった若手アナリストのトムが、コールセンタースタッフは女性のほうがコンバージョン率が高いと言ったので、会社はある日アウトバウンドコールを非常に優秀な女性担当者のグループだけにさせることにした。翌日、結果を評価するために会議を開くと、リードからのコンバージョン率が5%から8.3%に上がったことがわかった。フロイトは正しいか少なくともほかの学説よりも優れており、トムがフロイト学説の授業をとるという意思決定をしたのは正しかったということが証明されたように見える。本当だろうか。

　正しい答えを得るためには、顧客がある世界で女性担当者からの電話を受けたところとパラレルワールドで男性担当者から**まったく同じ電話**を受けたところを想像する必要がある（**図2-4**）。まったく同じ顧客にまったく同じタイミングでまったく同じ雰囲気でまったく同じメッセージを言わなければならない。2つのシナリオですべての条件を等しくし、声のトーンだけを男性から女性に変えるのである。言うまでもないが、そのような反事実を実行してみるのはいかにも不可能に感じられる。こういった不可能な反事実をシミュレートするために、うまく設計されたランダム化実験やA/

Ｂテストを使うことについてはこの章内で後述する。

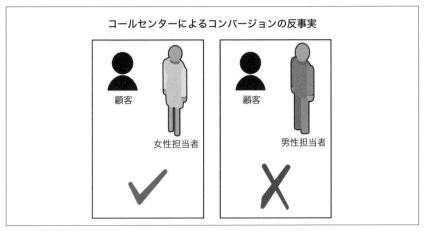

図2-4 コールセンターのリードコンバージョン率向上策の反事実分析

■ 難点２：異質性

　第2の難点は**異質性**である。人間は本質的に多種多様であり、遺伝と生まれてからの経験の両方によりその人固有の世界観と行動様式を持っている。私たちは、ある特定のレバーを引いたときに行動がどのように変わるか（因果効果）を推定するだけでなく、人によって反応が異なることも考慮に入れなければならない。影響力の強い人（インフルエンサー）が自社製品を推薦しても、あなたと私とで効果は異なるだろう。私は試してみようとは思うかもしれないが、あなたは自分のお気に入りブランドを使い続けるかもしれない。異質性の効果はいったいどのようにして計測すればよいのだろうか。

　図2-5は、統計学ファンが愛する有名な正規分布のベル形曲線を示している。ここでベル形曲線を使っているのは、インフルエンサーが商品を推薦したときの顧客の反応を分析するときに見られる自然なばらつきを表現するためだ。私のような彼のフォロワーの一部は、彼が合図を送るとそれに従う反応を示す。これは縦の破線の右側によって表されている。フォロワー全体の平均、フォロワーの中のフォロワーも表されている。しかし、一部は何の反応も示さず、反発を示す人々もいる。これが人間の反応のよいところだ。あり得るアクションと反応がすべて展開される場合もある。分布の形には重要な意味があり、追随、反発のどちらかに反応が傾いている場合もある。

ここで大切なのは、人間は異なる反応を示すものであり、それが因果効果の推定を難しくしていることだ。

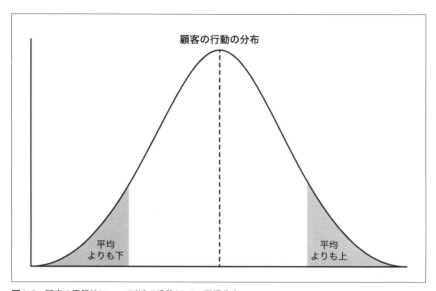

図2-5　顧客の異質性について考える手段としての正規分布

　このような異質性は、一般に平均（つまり、**図2-5**の縦の破線）が示す反応に一本化するという形で処理される。つまり異質性を捨てるということである。しかし、平均は極端な観測値に過度に反応するので、中央値を使う場合もある。中央地とは、全体の50%が左側（反発側）、50%が右側（追随側）になる値である。ベル形の分布なら、平均と中央値はうまい具合に同じになる。

◻ 難点3：交絡因子

　因果関係を探すときには、まず**図2-6**のような散布図を描いてみることが多い。散布図では、個々のマーカーが (x, y) 観測値を表す。

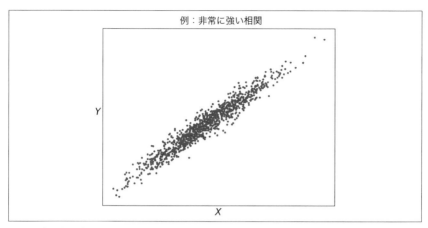

図2-6　相関性の高い2個の変数のシミュレーション

　この図のような場合、XがYの原因である（またはその逆の）はっきりとした証拠があると言いたくなるかもしれない。散布図では、一般にX軸の変数が原因になってY軸の変数のような成果になると解釈する。しかし、**例2-1**が示すように、この解釈は間違っている。

例2-1　第3の不明な変数がほかの2個の変数の相関関係に影響を与えていることのシミュレーション

```
# 乱数生成器の種とシミュレートする観測数を固定する
np.random.seed(422019)
nobs = 1000
# 第3の変数は標準的な正規分布になるようにする
z = np.random.randn(nobs,1)
# zからx、yが生成されるものとする
# xとyには直接的な関係がないことに注意しよう
x = 0.5 + 0.4*z + 0.1*np.random.randn(nobs,1)
y = 1.5 + 0.2*z + 0.01*np.random.randn(nobs,1)
```

　確かに、第3の変数zがxとyの両変数に正の影響を与えて、この疑似相関を生み出している。この第3の変数（**交絡因子**と呼ばれる）を統制できれば、注目している2個の変数の間の正味の関係がもっとはっきりとつかめるようになる。

　図2-7が示す例について考えてみよう。左上の散布図は、1900年から2016年までの世界全体のCO_2排出量とメキシコの1人当たりの実GDP（国内総生産）から作っ

たもので、右上の散布図は、1900年から2014年までのウェールズとイングランドの離婚数とメキシコの1人当たりの実GDPから作ったものである。下のグラフは、1900年の値を100としたときの3個の変数の変化を時系列で示したものである[3]。

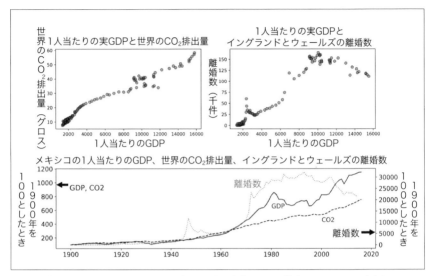

図2-7 左上の散布図は1900年から2016年までの世界全体のCO₂排出量とメキシコの1人当たりのGDP（国内総生産）から作ったもの、右上の散布図はCO₂排出量の代わりに1900年から2014年までのウェールズとイングランドの離婚数を使ったもの、下のグラフは3個の変数の時系列による変化を示したもの

　散布図だけを見ていれば、世界全体のCO₂排出量とイギリスの離婚数がメキシコの経済発展の何らかの原因になっていると言いたくなるかもしれない。しかし、この場合、このような疑似相関を生み出したのは、統計学者や計量経済学者が**時間トレンド**と呼んでいる第3の変数である。それは、時間の経過に対してグラフ化したときに自然に現れる成長傾向のことである。下のグラフを見ると、この期間の3個の変数の成長率がほぼ同じだということがわかる。

　交絡因子が特定できたら、予測アルゴリズムでそれを**統制**できる（付録参照）。しかし、交絡因子を見つけることは容易な仕事ではなく、人間がしなければならない（つまり、簡単に自動化できない）。

---

*3　出典：GDPデータはhttps://oreil.ly/9J_wb、CO₂排出量はhttps://oreil.ly/9J3XF、離婚率はhttps://oreil.ly/t_1x- より。

◘ 難点4：選択効果

　最後の難点は、選択効果から逃れるのが大変なことだ。これは我々が選ぶ顧客セグメントが、私たちが働きかけたい相手だったり、顧客が自ら集まってきた結果だったり、あるいはその両方だったりするためによく生じる。2つのグループの成果の平均を比較して、介入（行ったアクション）の因果効果を推定したいときには、選択効果の部分を取り除く方法が必要になる[*4]。

選択バイアスと因果関係
選択バイアスがあるために、介入群（トリートメントグループ）と対照群（コントロールグループ）の成果の平均の差を評価するときに因果効果を過大評価したり過小評価したりする。式にすると、次のようになる。

観測された平均の差＝因果関係＋選択バイアス

　図2-8の上のグラフのように、成果の平均を書くのが標準的な方法である。この例では、対照群の成果の平均のほうがレバーを引き、働きかけたグループ（介入群）の平均よりも0.29単位高い。この数値は、先ほどの式の左辺に対応する。下のグラフは、対応する成果の分布を示したものである。標準的な方法では平均の差を使うが、反応にはこのようなばらつきがあり、2つのグループで重なり合う部分がある場合もあることを覚えておくと役に立つ。影をつけた部分は、2つのグループに含まれていても互いに区別がつかない反応を示した顧客を表している。

[*4]　ここからは私たちのレバー、すなわちアクションの影響を受けた人々のことを"治療群"とか"治療を受けた人"という用語で表現する。この用語は、実験の統計分析で広く使われているもので、もともとは医療の治験分析から借用したものである。訳者追記：日本語では、"治療群"と同じ意味の言葉として"介入群"も使われているので、訳語としては"介入群"を使っていく。

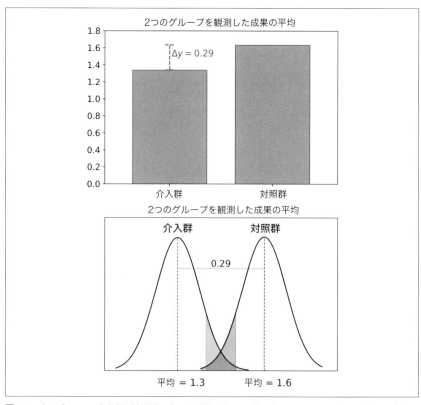

図2-8　上のグラフは、介入群と対照群の成果の**平均**に見られる差を表している。下のグラフは成果の実際の
分布を示している

　いずれにしても、私たちは選択効果によるバイアスの可能性のことをすでに知って
いるので、観測された成果（式の左辺）だけでは不十分である。私たちの目的は因果
効果を推定することなので、広く浸透しているバイアスの効果を取り除く方法を考え
なければならない。

　哲学者や科学者は言うまでもなく、統計学者や計量経済学者は、この問題について
何世紀も考え続けてきた。顧客の正確なコピーは物理的に作れない。それでも選択バ
イアスを避けられる介入群の作り方はないだろうか。因果効果を推定したい実務者た
ちの間で支配的な実験手法の基礎を確立したのは、20世紀の統計学者で科学者のロ
ナルド・フィッシャーである。彼のアイデアは単純であり、専門用語を使わずに説明
できる。

◘ A/Bテスト

産業界ではA/Bテストで選択効果を取り除くことが標準的になっており、もっともデータドリブンな企業では、意思決定の基礎となる因果関係の推定のために毎年数千件ものA/Bテストを実施している。

A/Bテストについては付録で数ページを使って詳しく説明するので、ここではごく簡単な説明に留めることにする。私たちの目的は、何らかの結果指標Yのうち、レバーXを引いたことによる因果効果を推定することである。たとえば、値下げが売上に与えた影響を定量化したいものとしよう。

顧客を2つのグループに分割してA/Bテストを実施する。Aグループは対照群で標準価格で商品を提供する。それに対し、Bグループは介入群で値下げを受ける。大切なのは、選択バイアスを避けるために2グループを無作為に選ぶことだ。そうすれば、グループ全体で得られた利益の平均を比較するときに、安心して本当に因果効果を推定しているのだと考えられる。注目すべき専門的な細部はすべて省略しているので、興味のある方は付録を読んでいただきたい。

2.5　不確実性

今まで意思決定を各段階に分解して説明してきた。ビジネス上の問いからスタートし、ビジネス目標やそれに対応するKPIを向上させるアクション、レバーを逆算するのである。しかし、意思決定は不確実性が残る状態でしなければならないので、アクションの帰結がどうなるかは意思決定の時点ではわからない。でも、私たちはもう不確実性は敵ではなく、予測力が進歩したAIで不確実性を緩和できることを知っている。

だが、なぜ不確実性があるのだろうか。まず、不確実性とは何ではないかを明らかにしてから不確実性について考えることにする。まず、コイントスを取り上げよう。まともなコインなら、表になる確率は50%で、成果がどうなるかは最初の時点では予想できない。生まれてからずっと何度もしていて表も裏も出ている。これは私たちにとって身近で自然な無作為性の例である。

しかし、これは意思決定するときの不確実性とは種類が異なる。そしてありがたいことに、私たちが相手にする不確実性は純粋な無作為性ではない。私たちが持っている問題についての知識と予測アルゴリズムを組み合わせて、適切な入力変数（特徴量とも呼ばれる）を選べば予測値を得られる。それに対し、純粋な無作為性を相手にす

る場合は、成果の分布を学んでモデリングし、賢い選択、予測を得るための理論的な
性質を導き出すことぐらいしかできないのである[*5]。

　私たちが意思決定するときの不確実性の主な源泉は、単純化、異質性、複雑で戦略
的な人間同士の相互作用、現象についての純粋な無知の4つである。この節ではこれ
らを1つずつ順に取り上げていく。分析的思考の実践者として、不確実性のもとがど
こにあるかはかならずわかっていなければならないが、びっくりさせられてしまうこ
とも珍しくない。

2.5.1　単純化による不確実性

　アルバート・アインシュタインが言ったとされている "ものごとはできる限り単純
なほうがよいが、それ以上に単純にしてはならない" は、私の好きな名言の1つだ。
同じような意味で、統計学者のジョージ・ボックスは "すべてのモデルは間違ってい
るが、一部のモデルは役に立つものもある" と言った。モデルは、私たちが住む極度
に複雑な世界の仕組みを理解するために役立つ単純化であり、隠喩である。

　現代の分析的思考の実践者には、単純化の方法を学ぶことの重要性はいくら強調し
ても足りないほどだ。本書でも、「5章　アクションから帰結まで：単純化の方法」で
いくつかの周知のテクニックを使って分析的思考力をしっかりと鍛えていくつもりで
ある。しかし、ここでは単純化の代償について触れておかなければならない。

　私たちは分析的思考の実践者、意思決定者として、まあまあの答えで満足するか、
目の前の課題に対するよりリアルな描写を求めてもっと時間をかけるべきかというト
レードオフに絶えず直面する。不確実性がどの程度減れば満足できるか、タイムリー
なソリューションを得るためにどの程度の不確実性を許容できるかを判断しなければ
ならない。しかし、アインシュタインが最初の引用で簡潔に述べているように、この
トレードオフのさじ加減の判断には練習が必要である。

　地図や乗換案内図は、単純化の力と危険性をよく示す例の1つだ。**図2-9**の左側は
ロンドンの地下鉄の公式乗換案内図、右側は同じくシティガイドのプロ (https://
oreil.ly/HONtI) が作った地理的により正確な乗換案内図である。乗換案内図には、
早く簡単に乗換方法を判断できるようにするという目的のもとで、リアルにするか使
いやすくするかのトレードオフがある。乗換案内図の利用者は、地理、距離、角度は

[*5]　たとえば、コイントスの場合には、成果の観察を通じて表と裏の分布をベルヌーイ試行だとモ
　　　デリングし、理論的に導き出される期待値（試行の回数と表になる確率の積）を予測する。

もちろん、公園や博物館といった行ってみたい場所が果たして本当にあるのかどうか さえよくわからないという不確実性にさらされることになる。しかし、利用者の第1 の目的は起点から終点に行くための経路を知りたいということなので、左の地理的に 簡略化された乗換案内図は使いやすく感じる。その他の問題は、経路がわかってから 解決すればよい。

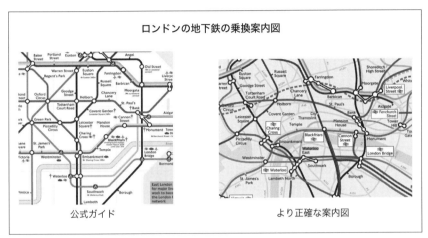

図2-9 ロンドンの地下鉄の乗換案内図の一部：左は公式ガイド、右は同じ部分の地理的により正確な案内図 を示している

　この最後の論点には、関連する論点がある。複雑な問題を独立して解決できる単純 な下位問題に分割することが、よく使われる単純化のテクニックの1つとなっている ことだ。コンピュータ科学者たちは、このテクニックを**分割統治法**と呼んでいる。こ れらの下位問題はそれぞれ不確実性を上げる効果を持っているので、全体を1つにま とめたあとの不確実性が、もとの問題のときよりも扱いやすくなっているかどうかは 保証の限りではない（最初から単純化が前提になっているのでない限り）。

　以上から学ぶべきは、問題を単純化すると不確実性が上がるということを忘れては ならないということだ。統計学者ボックスが言うように、"モデルが本質的に近似で あることは、絶えず頭の中に入れておかなければならない"（https://oreil.ly/ f8ZLH）。

2.5.2　異質性による不確実性

　顧客たちが返す反応がさまざまなものになることも、意思決定を下すときの不確実性の源泉として重要なものの1つである。このような行動、趣味、反応の多様性は、分布を使ってモデリングできる。私たちは、不確実性に対処するときに一般に分布に注目するのだ（**図2-5**を作ったときのことを思い出そう）。こうすれば、成果の多様性を生み出した仕組みや理由を細々と考えず、不確実性が最終的な成果にどのような影響を与えるかに集中できるようになる。このようなモデリングのアプローチはとても便利だ。そして、分布の基本的な性質を否応なく思い知らされることになる。

　一様分布について考えてみよう。一般に一様分布は単純化のために仮定されるものだが、成果が蓄積していくとは考えられないような場合にも使える。具体例として、ラッシュアワーに電車を待つ人々がプラットフォーム全体に広がるところを想像してみよう。彼らの目的が空席を見つけ、できる限り早く電車に乗ることなら、彼らが一様に散らばるのはとても自然なことだ。

　科学の分野で広く見られる**正規分布**はすでに取り上げている。好都合な性質（線形性、加法性）がある正規分布は単純化のために使われることもあるが、さまざまな場面で自然に現れるものでもある。たとえば、一定の条件のもとでは数値の平均や合計の分布が正規分布に近づく、中心極限定理（https://ja.wikipedia.org/wiki/中心極限定理）という考え方もある。

　よく使われる分布としては、べき乗則分布もある。べき乗則分布は、ガウス分布（正規分布）とは異なり、裾が長い[6]。たとえば、インフルエンサーのリーチまたはフォロワーの数をモデリングするときにはべき乗則分布を使うが、このような分布が自然に現れる例はほかにもたくさんある[7]。

　一様分布、正規分布、べき乗則分布に従う100万個の観測値をヒストグラムにすると、**図2-10**のようになる。

---

[6]　正規分布は、成果の99%が平均から約2.57標準偏差内、99.9%が平均から約3.3標準偏差内に含まれる。

[7]　ビジネスで見られるべき乗則分布のその他の例と応用については、Crawford, Christopher G.et al., "Power law distributions in entrepreneurship: Implications for theory and research" Journal of Business Venturing 30, no.5 (September 2015): 696-713.https://oreil.ly/pSxThを参照のこと。

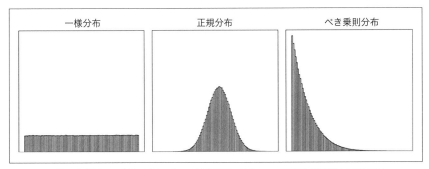

図2-10　一様分布（左）、正規分布（中央）、べき乗則分布（右）の100万個の観測値のヒストグラム

2.5.3　社会的相互作用による不確実性

　人間が絶えず相互作用を及ぼし合う社会的な動物であるという単純な事実からも不確実性が生まれる。社会的相互作用は数十万年前から見られることだが、これが現代のソーシャルネットワークで爆発的に増えたため、社会的相互作用による不確実性は広く大きなものになってきている。

　社会的相互作用による不確実性の第1の源泉は、顧客や従業員との相互作用が持つ戦略的な性質による。例を2つだけ挙げておこう。たとえば、顧客優待キャンペーンでは、顧客のほうが会社の意図や動きを知っていて、会社のシステムの裏をかくことがよくある。同様に、社内のセールスパーソンが報奨金制度の裏をかくことも多い。目標額にすでに達しているとかとても届きそうにないというときに、販売数の計上を遅らせて予想外の額まで営業成績を引き上げるのである。

　しかし、そのような戦略のない単純な意思決定ルールによって不確実性が生まれることもある。たとえば、**図2-11**のような2次元のグリッドで成長するジョン・コンウェイのライフゲームだ[8]。どの時点でも、個々のセルは隣接するセルとだけ相互作用を持ち、生存、死亡、誕生の3つの状態の中のどれかになる。相互作用にはシンプルな3つのルールしかないが、初期条件によって成果はまったく異なるものとなり、観察者からはランダムに見える。

---

[8]　https://playgameoflife.com に行けば、実際にこのゲームを"プレイ"できる。単純な決定論的な規則で生成できる成果の多様性に驚くことだろう。https://oreil.ly/6ruzw も参照のこと。

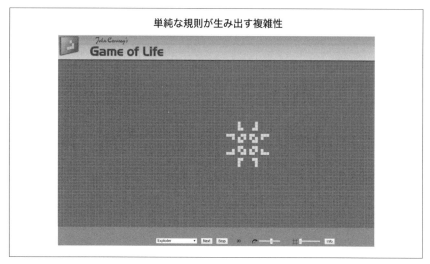

図2-11 ジョン・コンウェイのライフゲーム：3つのシンプルな隣接するセル同士の相互作用ルールによって複雑な現象が生じる

　こんなことのために時間を使って注意を払う意味があるのかとか、こんなのは単なる知的娯楽ではないのかと思われるかもしれない。とりあえず、単純な行動ルールからでも複雑な成果が生まれうることにだけ注意すればいいだろう。そうすれば巧妙にシステムを操作する顧客の存在を考えなくてもよくなる。社会科学者たちは人間の行動を理解するためにこうした考え方を応用しており、少なくとも私たちの意思決定にも役立つはずだ。

2.5.4　無知による不確実性

　不確実性の最後の源泉は純粋な無知である。レバーを引いたら何が起きるかを知らず、成果の分布がどのようなものであるかも知らないことがよくある。この場合、ひとまずこの分布が一様分布か正規分布だと仮定し、あとで何らかの実験によって知識を積み上げていこうということが少なくない。

　組織レベルでテストを拡大させられる会社は、中長期的にイノベーションを起こせるだけの豊富な知識と価値を生み出せるだろう。しかし、かならずトレードオフがある。中期的な価値を生み出し、市場の支配権を握ろうと思うなら、短期的な利益を犠牲にしなければならない。だからこそ、社内に分析的思考を身につけた新しいタイプの意思決定権者が必要になるのである。

2.6 この章の重要な論点

- **分析的思考**とは、ビジネス上の問いを特定し、処方的なソリューションに書き換えられる能力のことである。

- **価値は意思決定によって生み出される**。会社のために価値を生み出すには、意思決定の質を引き上げなければならない。予測は、意思決定プロセスで必要とされるインプットの1つに過ぎない。

- **意思決定の3段階**。意思決定を分析すると、一般に3つの段階がある。まず、記述的な段階でファクト（事実）を集め、理解し、解釈する。次に、成果を予測しようとする。最後に、最良の成果を生み出すレバーを選ぶ（処方的段階）。

- **処方的な意思決定**。意思決定（判断）とは、特定の目標を達成するためのアクションの選択肢の中から1つを選択することである。**データドリブン**の意思決定とは、エビデンスに基づいてアクションの選択肢を評価し、アクションを起こすことである。**処方的な**意思決定とは、最良の結果を生み出すアクションを選択するための科学である。

- **意思決定の構造**。私たち会社の業績に影響を与える1つ以上の成果を生むアクションを選ぶ。一般にどのような帰結になるかはわからないので、この選択は不確実な条件のもとで下される。アクションと帰結は、因果関係によって結ばれる。

- **ビジネス上の問いからスタートする**。私たちの目標は最良の行動指針を見つけることなので、正しい問いに向かって努力すべきだ。だから、ビジネス上の問いからスタートするのである。こうすると、副産物として一般に使えるレバーの選択肢が広がる。

- **正しい問いを立てるのと同じぐらい重要なのは、ビジネス判断の効果を測定するための指標の選択である**。多くのデータサイエンスプロジェクトが失敗しているのは、使っている論理が間違っているからではなく、ビジネス上の問いに与えた影響を計測するための指標群が間違っているからである。優れた指標は、ビジネス上の問いとの関連性があり、計測可能なものでなければならない。

- **反事実を考える能力は、分析的思考の実践者になるために伸ばさなければならない重要な能力の1つである**。アクションから帰結を生み出すのは因果関係なので、自分たちのアクションとビジネス目標がどう繋がるか様々な理屈を想像できる能力を強化しなければならない。

- **因果効果の推定には重要な難点が複数ある**。選択バイアスがかなり混ざるので、

一般にレバーを引いたことによる因果効果を直接推定することはできない。また、反事実を使った考え方をマスターし、効果の異質性にうまく対処することも必要になる。

2.7　参考文献

記述的、予測的、処方的分析の違いは、データサイエンスやビッグデータを論じているほぼすべての本が説明している。今や古典となったトーマス・ダベンポート著『Competing on Analytics』(Harvard Business Press)（邦訳版『分析力を武器とする企業：強さを支える新しい戦略の科学』日経BP）やその続編、またはビル・シュマルゾ著『Big Data: Understanding How Data Powers Big Business』(Wiley)とそのシリーズの中のどれかをチェックするとよい。

本書で使った意思決定の構造はこれらに従ったものであり、ごく標準的な考え方である。このテーマについては、「6章　不確実性」で再び取り上げる。十分な数の参考文献はそのときに示す。

因果関係の説明で私が気に入っているのは、ヨシュア・アングリスト、ヨーン・シュテファン・ピスケ著『Mostly Harmless Econometrics』(Princeton University Press)（邦訳版『「ほとんど無害」な計量経済学：応用経済学のための実証分析ガイド』NTT出版）と、この2人の新著、『Mastering 'Metrics': The Path from Cause to Effect』(Princeton University Press)である。2つのグループで観測された成果の差と因果効果プラス選択バイアスが等しいことを数学的に導き出す説明もある。彼らは、**観察データ**、すなわち適切にデザインされたテストから得たわけではないデータから因果関係を推定する方法も示している。

ジュディア・パール、ダナ・マッケンジー著『The Book of Why: The New Science of Cause and Effect』(Basic Books)には、因果関係を推定するためのこれとは大きく異なるアプローチが見られる。スコット・カニンガム著『Causal Inference: The Mixtape』(Yale University Press)は、主に前述の『「ほとんど無害」な計量経済学：応用経済学のための実証分析ガイド』と同様、因果関係を推定するための計量経済学について書かれた本だが、ジュディア・パールの考案した因果関係グラフ／ダイアグラムを使ったアプローチについての説明も含まれている。

A/Bテストについては付録でしっかりと取り上げる予定だ。私の不確実性についての論点は、スコット・E・ペイジ著『The Model Thinker: What You Need to

Know to Make Data Work for You』（Basic Books）（邦訳版『多モデル思考：データを知恵に変える24の数理モデル』森北出版）のアイデアを多く取り入れている。この本は、単純化とモデリングについて考えるための出発点としてとても優れており、実生活でさまざまな分布、複雑なふるまい、ネットワーク効果が、いつどのような場面で生まれるかについて多くの例を示している。

3章

ビジネス上の
良い問いの立て方

「2章　分析的思考入門」では、これからの章で発展させていく枠組みの基本的な部分を駆け足で説明してきた。私たちの最終目標はビジネスの問題を処方的なソリューションに書き換えることなので、まず、**正しい問いの立て方**を学ぶところからスタートしなければならない。問いの立て方を学ぶことが、これからの章で説明するテクニックを取り入れることと同じぐらいの力を持つと言っても驚かないようにしていただきたい。

「2章　分析的思考入門」では、本当に達成したいことを理解するために役立つ**なぜなぜ分析**という非常に単純なテクニックも紹介した。自分が達成したいと思うことについてその理由を考え、答えが出たらさらにその答えの理由を考える。ビジネス目標が本当に正しいという確信が持てたところで終了する。処方的なソリューションを見つけるための長い旅では、正しい目標に向かっているという保証を得ることがきわめて重要だ。この作業は副次的に、一般にアクション、レバーの選択肢が広がるという「4章　アクション、レバー、意思決定」でもとても役に立つ。問題を立てるところからスタートし、どうしても変えたい指標は何かを明らかにするところまで進めば、普通はそうなる。同じ目的のために使えるほかのアクションはないかを考えていけば、自然に選択肢は増えるだろう。この章では、優れたビジネス上の問いを立てるためのベストプラクティスについても詳しく説明していく。記述的、予測的、処方的な問いの違いを理解した上で、一般的なユースケースについての具体例を挙げて締めくくろう。取り上げるユースケースは、私自身が経験したもの、学生や同僚と議論したものから、本に載せるべきもの、方法を理解するために役立つものを選んでいる。しかしまず、ビジネス上の問いがどこから生まれるかをより深く理解しなければならない（**図3-1**）。

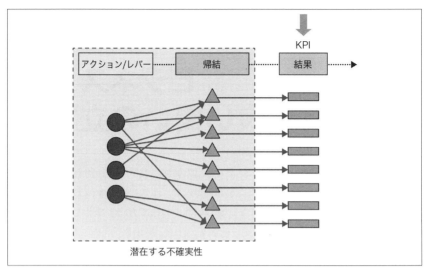

図3-1　ビジネス上の問いからスタートする

3.1　ビジネス目標からビジネス上の問いへ

　ほとんどの企業は縦割りに組織されており、それぞれの部門の責任と目標を明確に分けている。しかし、最近になって**アジャイル**運動が広まり、多くの企業が職務のサイロを打ち破って、職務横断的なチームを作るようになった。その成果として、各チームは非常に明確に限定されたビジネス目標と指標を追求するようになった[1]。

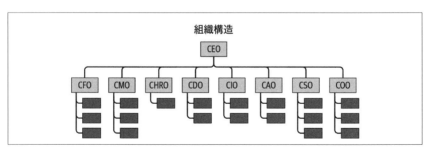

図3-2　職務別分割によって組織された企業の例。CxOは左から財務、マーケティング、人事、データ、情報、分析、営業、執行の最高責任者。この種のCxOはほかにも多数ある

＊1　組織構造の違いについてはhttps://oreil.ly/T1MzWやhttps://oreil.ly/EOa_Dを参照のこと。

これは私たちにとっては朗報であり、トップダウンのビジネス目標は通常しっかりと定義され、適切なKPIを使えば比較的簡単に評価できる。しかし、ビジネス目標を達成するために必要なビジネス上の問いを立てるのは私たちの仕事である。一般に、ビジネス目標が何であれ、立てるべきビジネス上の問いは複数あり、それぞれについてさまざまなアクション、レバーがある。

ハードKPIとソフトKPI

広く受け入れられている定義があるわけではないが、**ハード**KPIと**ソフト**KPIという用語を耳にすることがよくある。ハードKPIは、財務KPIのように客観的な測定が比較的やりやすい指標と考えられている。それに対し、ブランドの知名度、顧客満足度、サービス品質などのソフトKPIは、客観的な方法で正確に計測するのが難しい。

区別は自明ではなく、いつでも論争の的になるものだが、財務指標にはほかの多くの指標よりもしっかりとした基礎があり、精密に計測できそうだという感じがある。なお、「2章　分析的思考入門」でも述べたように、計測可能かどうかは優れたKPIが持つべき属性だということを忘れてはならない。

では、優れたビジネス上の問いはどのようにして立てればよいのだろうか。私たちの目的では、ビジネス上の問いは常に**アクショナブル**でなければならないので、まずビジネス上の問いによってもたらしたいビジネス目標と、結果を評価するための指標をよく理解するとともに、少なくとも引くレバーの候補をいくつかイメージできている必要がある。どのようなアクションを取ればよいかわからない場合には、問題がアクショナブルになっていないか、問題をよく考えられていないかである。アクションがイメージできるなら、道は間違っていない。次に、記述的、予測的、処方的な問題を区別する必要がある。

3.2　記述的、予測的、処方的な問い

ジェフ・リークとロジャー・ペンは、論文 "What is the question?"（https://oreil.ly/xcPM7）の中で、データに関して答えたい問いとして、記述的、探索的、情報的、予測的、因果関係的、機械的の6種類を挙げている。一般に、データ分析は私たちの分析プロセスを反映しているので、この6種類は、ここで使う記述的、予測的、処方的の3分類とうまく対応している。

3つのタイプの分析については、「2章　分析的思考入門」で説明した。繰り返しに

なるが、**記述的分析**は一般に過去を見て、**予測的分析**は未来を見る。**処方的分析**は未来を変えるために今取ることができる最良の行動を見つける。

　この本を書こうと思った理由の1つは、ほとんどの人々が記述的な問いを投げかける傾向があり、予測的、処方的分析を使うべき場所をうまく見つけられないことに気づいたことにある。あなたもまだこれらの概念がまだすっきりと理解できていないかもしれないが、そのような混乱を吹き飛ばす例をこの章で紹介するつもりだ。

3.3　いつもかならずビジネス上の問いからスタートして逆算する

　データの世界では、実務者は**アクショナブルな洞察**を見つけて価値を作り出すというキャッチフレーズがよく使われる。この言葉に間違いはないのだが、100万ドルの価値のある知見を見つけようとして、数時間、いや数日、数週間を空費してしまうリスクがある。

　私も、以前そういうことをしていた。さまざまな分布の裾の部分（発生しにくい部分）が比較的簡単に見つかり、このごく小さな部分にはまだ見つかっていないチャンスが埋もれていることに気づいたのである。ほとんどのモデルは平均的な顧客に重点を置いている（そのため平均から大きく外れた領域を無視している）ので、これは比較的簡単に会社の収益を上げるための方法になった。簡単に結果が得られる方法だったのである。しかし、問題が2つあった。スケーラブルではないことと手作業に頼るため時間のかかるプロセスだったことである。

　一般的に、ビジネス上の問いからスタートし、データに戻っていくほうがよいやり方である。何しろ最初から見つけたいと思っているアクショナブルな洞察からスタートしているのだから、早くそれが見つかる[*2]。本書で説明するプロセスは分析を引き締めて純化するために役立つはずであり、約束されたアクショナブルな洞察を探してあなたやチームが貴重な時間を浪費するのを防いでくれるはずだ。

3.4　ビジネス上の問いのさらなる分解

　なぜなぜ分析は、本当に動かしたい指標がどれかを探しながら、個別的な問題から

[*2] Googleのチーフディシジョンサイエンティスト、キャシー・コジルコフが"仮説からスタートしてはならない"（https://oreil.ly/iMeVy）、"優れた意思決定者が最初にすること"（https://oreil.ly/uw7bO）で同じようなことを言っている。

一般的な問題に移っていくために役立つ。しかし、この最終的な指標は、一般的すぎてアクショナブルでなくなるリスクがある（もっとも上のレベルはほとんどかならず"利益を伸ばす"のようなものになってしまう）。とはいえ、ビジネス目標が自然な制約として働くので、**なぜ**の連続にも上限があることを忘れないようにすべきだ。さらに一歩進んで、中間的でアクショナブルな目標がはっきりとわかる適切なレベルを見つけるために、逆に問いの分解からスタートするというテクニックもある。

たとえば、アウトバウンドマーケティングキャンペーンで最大限のコンバージョン率を獲得するための最良のアクションを見つけるという問題について考えてみよう。すでに私が問いを処方的な形で立てていることに注意してほしい。動かしたいビジネス指標は明確であり（コンバージョン率）、適切なアクションを見つけてくれば、（原則として）目的のためにもっとも適したアクションを選ぶことになる。

コンバージョン率の分解

　比率と呼ばれるものは、かならず複数の指標を掛けたり割ったりする形に分解できる。この場合、リード件数（見込み件数）に対する受注件数（コンバージョン率）からスタートし、まずリーチできた顧客数を掛けて割る。次に、実際に電話した顧客数（架電数）を掛けて割る。すると、次のような式が得られる。この式の個々の項はそれ自体で目的と関連性のある指標になっている。

$$\underbrace{\frac{受注件数}{リード件数}}_{CR} = \underbrace{\frac{受注件数}{コンタクト数}}_{A} \times \underbrace{\frac{コンタクト数}{架電数}}_{B} \times \underbrace{\frac{架電数}{リード件数}}_{C}$$

コンバージョン率にはこのように簡単に分解できるという特徴があるため、これから示すように、よりアクショナブルな問いを導いてくれる。コンバージョン率は3つの異なる割合の積であり、それぞれの項にはおそらく異なる担当者がいて、引くべきレバーも異なるものになる[*3]。一番右の率（C）から見ると、100人のリードのうち15人にしか電話をかけていないなら、テレマーケティングチームは生産性が下がっているということになる。その場合、責任者に適切な対処を求めるか、少なくとも何が起きているのかを把握する必要がある。

[*3]　気づかなかった読者のために言っておくと、私は同じ指標を掛けて割っているので、等式はいつも成り立つ。

　同様に、既にそれぞれの番号に電話をかけているのに低い割合でしか繋がっていないなら（B）、顧客に接触するのに最適なタイミングを予測するための変数を探したほうがよいかもしれない。この仕事は会社のデータサイエンティストに担当してもらうことになるだろう。

　最後に、営業チームが接触した人々のうち低い割合でしか受注を獲得できなければ（A）、品質の高いリードを獲得するように予測モデルを改良するか、営業の報酬制度を調整するか、プロダクトマーケットフィットを探すかだ。

　このようにコンバージョン率のような指標を分割すると、中間的な指標や問いが見つかり、それに対応するアクションも見つかる。このテクニックは、ほとんどのコンバージョンファネルに簡単に応用できる。典型的な**両面プラットフォーム**の例について考えてみよう。

3.4.1　両面プラットフォームの例

　両面プラットフォーム（マーケットプレイス）は、一般に片方の側のユーザーをもう片方の側のユーザーとマッチングさせようというビジネスである。たとえば、Facebookは、（販売数を上げるために）広告を出したい企業と適切な顧客（ソーシャルネットワークのユーザー）をマッチングする。Amazonは商品の流通業者や販売者と適切なバイヤーをマッチングし、Uberはドライバーと乗客をマッチングする。

　私たちは、新たに独自の出会いのプラットフォームを作ろうとしているものとしよう。この場合、プラットフォームの両側には、自分と相性がぴったりのパートナーを探しているユーザーが存在する。ほとんどのデートアプリは、ユーザーが互いにやり取りすることを認めている。話を単純にするために、メッセージはユーザーごとに1つだけしか認められていないことにする。制限を緩めれば、分解の要素が長くなるだけだ。

　メッセージを交換したあと、ユーザーが互いに相手を気に入ったら、相手と別の場所（喫茶店、バー、レストランなど）で会うことが認められる。私たちのデータサイエンティストチームは、このようなカップルが成立する割合によって計測できるマッチングの効率を上げたいと思っている。話を進めやすくするために、ユーザーたちはかならずアプリにフィードバックを返してくれるものとしよう。つまり、私たちは2人のユーザーが実際に会ったかどうかをかならず把握できる[*4]。

[*4]　デートアプリには、このようなフィードバックを返してもらうためのインセンティブをユーザーに提供しているものもある。そうでないアプリでは、マッチング効率は間接的にしか計測できない。

私たちはすべてのユーザーとそのやり取り（メッセージ1とメッセージ2）、そして最終成果（会ったか会わなかったか）のデータセットを持っている。そこで、マッチング効率（ME）は次のように分解できる。

デートアプリのマッチング効率の分解

私たちは、ユーザーが気に入ってくれるはずだという期待を込めてデートアプリにユーザーの画像を表示する。それを見て話をしてみたいと思ったユーザーは第1のメッセージ（メッセージ1）を送り、送られたユーザーが自分も話をしてみたいと思えば第2のメッセージ（メッセージ2）を返信する。以上のやり取りを経たあと、彼らはどこかでデートをするか、話を終わりにするかを決める。

$$\underbrace{\frac{\text{デート数}}{\text{画面表示数}}}_{ME} = \underbrace{\frac{\text{デート数}}{\text{メッセージ2送信数}}}_{A} \times \underbrace{\frac{\text{メッセージ2送信数}}{\text{メッセージ1送信数}}}_{B} \times \underbrace{\frac{\text{メッセージ1送信数}}{\text{画面表示数}}}_{C}$$

この等式の各項は、それぞれの事象が発生した回数を表す。たとえば、**デート数**は実際にデートまで進んだ人々の数を示し、**メッセージ1送信数**、**メッセージ2送信数**は、それぞれ第1のメッセージの数と返信の数を示す。分子の数は分母の数の一部なので、個々の比率は1以下になる。コンバージョンファネルの分解ではかならずこのようになる。

この分解から何がわかるだろうか。ユーザーをマッチングに導くためには、彼らにメッセージを交換させなければならない。そしてメッセージ交換は3つの率で表現される。ユーザーは画面に誰かが表示されたのを見ると、第1のメッセージ（メッセージ1）を送るかどうかを決められる。この割合（C）は、ユーザー1から見てこのアルゴリズムが効率的かどうかを示す。アプリが10人の候補を表示し、その候補が全員気に入れば、ユーザー1は全員にメッセージを送るだろう[*5]。メッセージを送られたユーザー2は、返信をするかどうかを決められる。返信する場合、ユーザー2から見てこのアルゴリズムが優れているということになる。最後に、第2のメッセージが届いたあと、2人がデートするかどうかを決める（A）。

[*5] この例はほかの戦略があり得ることを排除するものではない。ユーザーは上位の候補者だけにメッセージを送り、それでどんな結果になるかを試してみるかもしれない。そのような意味では、最後の率を取り除いた形で分析をしたほうがよいかもしれない。

　しかし、マッチング効率はアルゴリズムが正確かどうかだけで決まるわけではない。やり取りを始めるかどうか（メッセージ1）や返信するかどうか（メッセージ2）は、それぞれのユーザーがどれだけ熱心にアプリを見ているか（そうでなければ、コミュニケーションが遅れる）によっても左右される。デートアプリは動きの速いプラットフォームであり、反応が遅いユーザーがいると、相手のユーザーは興味を失い、デートできる別の相手を探すかもしれない。そのため、コミュニケーションをスピードアップさせるための手段（返事を待っている人がいることを思い出させるためのメール、プッシュ通知、ポップアップなど）を用意してもよいだろう。たとえばBubmle [*6]はそれを行っている。双方の最初のコミュニケーションは24時間以内に行わなければならず、時間切れになるとその相手とのチャンスは失われる。

　ここで学ぶべきことは、ビジネス上の問いの中には、適切な行動を見つけるためにさらに分解できるものがあり、目標達成のために影響のある中間的なKPIのことを改めて考えなければならない場合があるということだ。それでは、実生活上の一般的なユースケースを使ってさらに学習を進めよう。

3.5　ビジネス上の問いの立て方：
　　　一般的なユースケースによる例

　ここからは、厳選した例を使って実際の方法を学んでいく。まず、私が見てきたビジネス上の問いの標準的な枠組みを説明してから、それに対応する記述的、予測的、処方的な問いを示す。優れた処方的な問いは、選んだビジネス目標にとって最良の成果を生み出すためのレバーを引く方法を見つけられるようなものでなければならない。これらの例の一部については、私から見て十分優れた処方的なソリューションが得られるまで、このあとの章でも取り上げ続ける。読者はさらによいソリューションを探してみてほしい。しかし、さしあたりこの章では、ビジネス上の問いの立て方を学ぶことが目標だ。

3.5.1　離反率の減少

　あらゆる会社は、売上を計上するために顧客を必要とする。まず顧客を**獲得**し、彼らをできる限り長期にわたって維持することが仕事の一部になる。顧客が離れていく

＊6　［訳注］北米、ヨーロッパを中心に人気のマッチングアプリ。https://bumble.com/ja/

割合（離反率）は、ある決まった期間の顧客基盤全体に対する失った顧客の割合である。獲得コストは維持コストよりも大きいことが多いので、ほとんどの企業は、今ある顧客基盤を最大限守ることを目的とする部門を持っている。

　これはほとんどの企業の標準的なユースケースの1つなので、このテクニックの最初の応用例にはもってこいだろう（**図3-3**）。

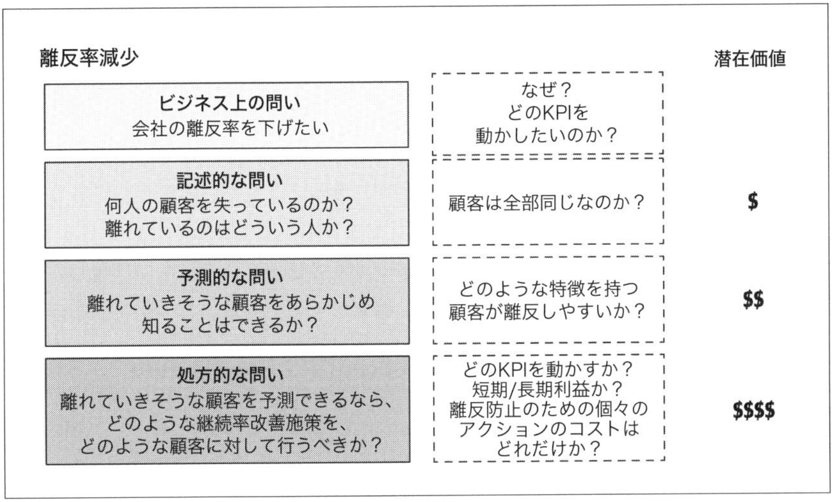

図3-3　離反率減少につながるさまざまな問い

◻ ビジネス上の問いの設定

　ほとんどの会社が直面するビジネス上の問いから始めよう。つまり、どうすれば離反率を下げられるかだ。これはビジネス目標ではなくアクションからスタートする例なので、一連の**なぜ**を応用できる。おそらく、行き着くのは、経営収益の主要な源泉は顧客だという単純な事実だろう。当たり前のことのように思えるかもしれないが、この単純な事実から最大化したいKPIが明らかになる。私たちは離反率を最小化したいのではなく、売上を最大化したいのだ。さらに言えば、顧客を維持するためにあなたは顧客に何でも捧げられるが、それではコストが上がってしまう。つまりは、離反率でも売上でもなく、利益すなわち売上と離反防止コストの差こそが改善すべき正しい指標なのだ。

◘ 記述的な問い

　もっとも記述的なレベルでしたいことは、複数ある。当然、離反率が異常なほど高いかどうか、過去に離反率がどのように上がってきたかといったところから始めることになるだろう。まず、時系列で集計値を見て周期的なパターンを把握すれば、現在の状態の健全性がある程度わかる。しかし、データにはもっと深い情報を伝える力がある。すでに離れていった顧客が**どういう人々か**がわかるのである。彼らは大きな価値のある顧客か、そうでもない顧客か。顧客であった期間はどれぐらいか。過去に不満を言うために会社に接触してきたか。特定の地域への偏りはあるか。彼らの年齢、性別といった社会人口学的な特徴は何か。彼らの利用／消費パターンはどうなっているか。

　時間とデータが許す限り細かく調べることができる。しかし、本質をつかもう。これはただのスナップショットであり、おそらく読者はすでに確信しているだろうが、どれだけ細かく調べたとしても、そこからより多くの価値を引き出すのは難しい。この時点のデータは、主として情報的な問いに答えるものである。この記述的な分析の本当の価値は、最終目標を達成するためにできる最良の意思決定を探すという作業を深められることだ。

◘ 予測的な問い

　AIと機械学習は、予測的な問いの答えを見つけるために役に立つ。それはどの顧客が離反するのかあらかじめ知ることはできるのか？　というものだ。内容豊富な記述的分析のおかげで、すでに現在の離反率を説明する主要な動因の一部は見つかっているだろう。しかし、データだけで行けるのはそこまでである。もっとも優れたデータサイエンティストとは、顧客が離れていく理由を**理解**し、**仮説を立てられる**人々のことだ。彼らは**特徴量エンジニアリング**と呼ばれる作業によって具体的な予測因子を作り出すことができる。これは実のところ予測精度を向上させるための最も良い方法である。優れたモデルを構築する上で、モデルにどのデータを入れ、どのデータを外すべきかを知ることは、たとえば現在使える最強のアルゴリズムを選ぶことなどよりもずっと大切なことだ。

　予測的な段階から得られる価値はどれぐらいだろうか。**図3-3**では、記述的な段階よりも大きな価値が得られるように描いたが、「2章　分析的思考入門」で説明したように、価値はゼロだったりマイナスだったりすることがある。

◻ 処方的な問い

　ようやく処方的な問いにたどり着いた。離反防止キャンペーンから最大限の利益を引き出すためにはどのようなレバーを引くかだ。しかし、私たちが考えているのは**短期的な利益**だろうか。顧客たちが会社の戦略を見抜き、離反防止のための仕組みをうまく利用するようになって、長期的なコストが増えてしまうようなことはないだろうか。もっとも成熟した企業は、離反率よりも「2章　分析的思考入門」で紹介した顧客生涯価値（CLV）を使っている。私も、顧客から得られる長期的な価値を示すためには、CLVのほうが適していると思う。しかし、この指標にも難点がある。ヨギ・ベラの名言をもじって言えば、"未来の予測は難しい。行動の長期的な効果を理解するのはなおさらだ"。

　レバーについては「4章　アクション、レバー、意思決定」で詳しく見ていくが、ここでは、離反防止のためには、少なくとも値引きという形で顧客に何かを与えればよいというだけで十分だ。では、個々の顧客にどの程度の値引きをすればよいのだろうか。合理的な値引き額の上限はCLVでわかるが、知りたいのは顧客を維持できる最小コストのアクションは何かだ。この方向に進めば、レバーのパーソナライゼーションに近づいていく。

　理想の処方箋は、**正しい**タイミングで**正しい**顧客に**正しい**アクションを選べるようにする処方箋だ。しかし、これでは"**正しい**"が多すぎる。処方的な分析は難しいので、ほとんどの場合は問題を単純化することを考える。単純化が持つ力については、「5章　アクションから帰結まで：単純化の方法」で説明する。しかし、すでに今の段階でも、達成可能な限りで最高の価値を生み出せるような問いを立てられるように分析をデザインしてきた。この章は問いの立て方を学ぶ章だということを思い出そう。「7章　最適化」では、このユースケースのソリューションになり得るものを深く説明していく。

3.5.2　クロスセル：ネクストベストオファー

　ほとんどの会社は、複数の商品、または複数のサービスを提供している。経済学者たちは、同じような製造プロセスで作れる商品から企業が自然に得る利益を**範囲の経済**と呼んでいる。このようなことから、ほとんどの企業が何らかの形のクロスセル（抱き合わせ販売）によって顧客との関係を深めようとするのは論理的に必然なことだ。コンサルティングの専門用語では、**ネクストベストオファー**（NBO、Next-Best Offer）という新しい用語が有名になっているが、これはもう処方的な領域に入っている。名前はともあれ、この方法でどのようなビジネス目標が達成されるのか

はとても自明だとは言えない。

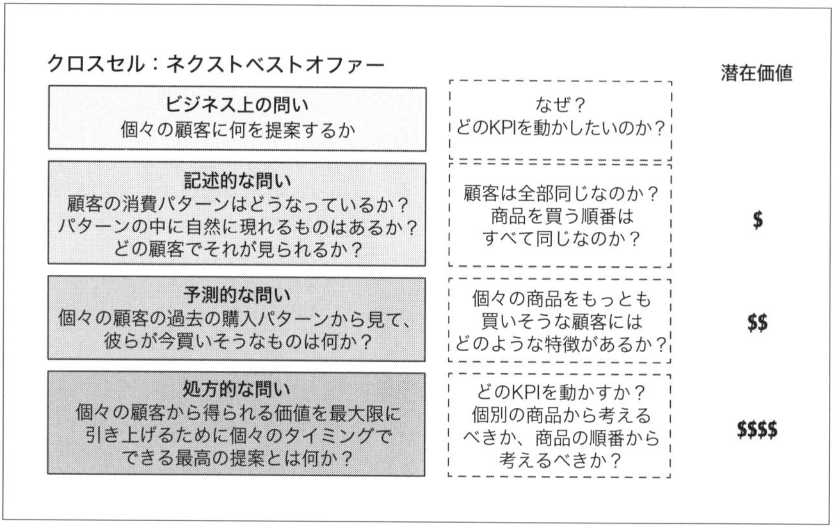

図3-4 クロスセルに関連したさまざまな問い

◻ ビジネス上の問いの設定

　ここでのビジネス上の問いは簡単で（**図3-4**）、**今顧客にどのような提案をすべきか**である。しかし、なぜそのようなことをするのかを考え出すと（**なぜなぜ分析**）、答えは顧客離反ほどはっきりしない。違いは、クロスセルには効果が2つあるところだ。直接的な効果は、いつもの売上と利益の増加である。しかし、間接的な効果のほうが面白く複雑だ。会社の製品を多く買っている顧客は、会社への愛着が強くなり、顧客であり続ける期間が長くなる傾向があるということである。そのような理由から、多くの場合、クロスセルでは割引を検討する。個別の取引では少し損になっても、長期的な利益**全体**は大きくなるのだ。すると、ここでも引き上げるべき指標はCLVになる。

◻ 記述的な問い

　記述的なレベルで普通探ろうと思うのは、さまざまな顧客の購入パターンだろう。具体的には、顧客が異なっていても、自然に**一連の**商品が買われているかどうかを調べてみるのである。たとえば銀行について考えてみよう。ほとんどの顧客は、若い時期にクレジットカードなどの比較的単純な商品を買う。しかし、時間が経ち、仕事の

経験を積んで収入が上がってくると、より高度な信用、投資商品を買うようになってくる。住宅ローンに始まり、生命保険などが続く。一連の商品という場合、個々の商品の購入の順序が重要な意味を持つので、普通はデータからそのようなパターンを探すところから分析を始めることになるだろう。

☑ 予測的な問い

個々の顧客はすでに何かを買っているので、今までの購入パターンから次に何を買いそうかを**予測**できるかどうかを考えるのは自然なことだ。そうすれば、顧客が自社とライバルのどちらから買うかを傍観したりせず、積極的に動けるだろう。しかし、買ってもらえる可能性が低くても、会社にとってもっとも利益になる商品を勧めるべきだろうか。銀行の例に戻れば、利益がもっとも大きい担保付き融資の話をしたいところだが、大学生や若い社会人にそんなことを言っても、融資を受けてくれることはまずないだろう。ネクストベストオファーで特に興味深いトレードオフの1つがこの購入の可能性と利益の高さのトレードオフである。ここまで来ると、処方的な問いはすぐ目の前にある。

☑ 処方的な問い

顧客に提案できる商品は複数ある。どれを提案すれば得られる価値がもっとも大きくなるだろうか。先ほども触れたように、私たちは提案のつながりと時間を相手にしているので、適切な指標はCLVになるだろう。顧客中心ということを徹底すれば、処方的な目標は、**正しいタイミング**で**正しい顧客**に**正しい商品**を**正しい価格**で勧めることだ。この非常に複雑な問題については、あとでアプローチのしかたを検討する。

3.5.3 CAPEXの最適化

自動車、石油/ガス、遠隔通信、航空などは資本集約的な業種として知られる。営業するために、工場/プラント、蒸留塔、飛行機など、経年によって価値が下がっていく物理的な資産に大量の資本を投下しなければならない業種だということだ。この種の投資は資本的支出、あるいはCAPEX（キャペックス）と呼ばれ、今挙げた4業種に限らず、あらゆる業種で見られるものである[*7]。

あらゆる会社のCFOをはじめとする重役たちは、それぞれの部門や地域に

[*7]　それに対し、従業員に支払う給与をはじめとするさまざまな費用は事業運営費、OPEX（オペックス）と呼ばれる。

CAPEXをどのように割り振るかを考える（**図3-5**）。CAPEXは会社のキャッシュフローの中で大きな割合を占めるため、CAPEXの効果を表現する投資利益率（費用対効果、ROI）や使用資本利益率（ROCE）といった専用のKPIさえある。それでも、なぜCAPEXの配分が必要なのか、正確なところCAPEXの配分で何を達成しようとしているのかををさらに問題にすることが大切である。たとえば、ROIの分子の利益はどこからやってくるのだろうか[*8]。

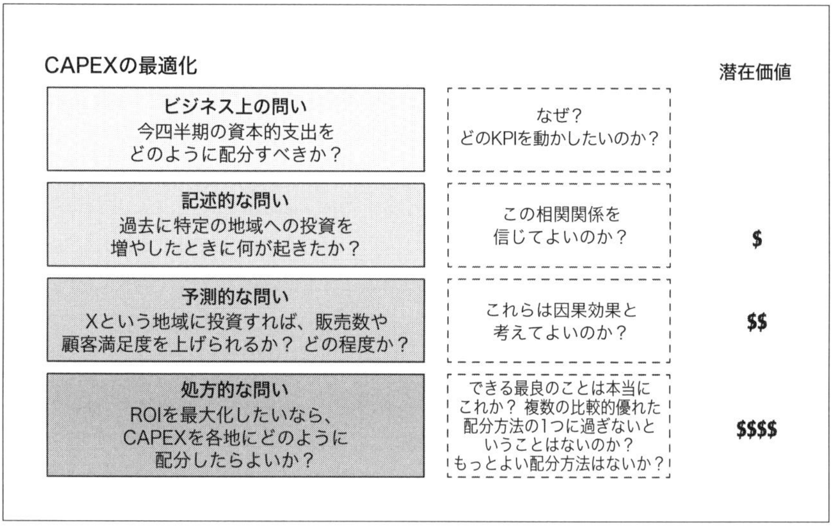

図3-5 CAPEXの配分に関連したさまざまな問い

　記述的なレベルでは、全地域でのCAPEXの配分と売上の相関関係を見つけるところから始めることになるだろう。これは過去のCAPEXへの投資とそれに影響を受けるであろう主要な指標の違いを利用するものである。あるいは、時系列での変化や総計のプロットを使ってCAPEXの配分と売上の関係についての手がかりを探すことも考えられる。そのようなエビデンスが見つからなければ、CAPEXはコスト削減を目的とする場合もあるので、目標を変えて利益の変化に注目してもよい。

　投資について考えるときの最大の問題は、得られる利益がどれぐらいになるかが**わからない**ことだ。利益が完全に予測できるようになれば、CAPEXの配分は単なるラ

[*8] $ROI = \frac{\text{Income from Investment - Cost of Investment}}{\text{Cost of Investment}}$ という式を思い出そう。

ンク付けの問題になるわけで、非常に大きな意味がある。投資に回せる1ドルがあり、検討しようとしているすべての配分方法から得られる利益がわかれば、その中でもっとも高い利益が得られるものを選べばよい。しかし、記述的な分析から得られた相関関係を信用してもよいのだろうか。見つけた効果は、本当に因果関係なのだろうか。いつものように、難しいのは信頼できる因果関係を見つけることだ。社内のデータサイエンティストたちが機械学習の手法を使って探しているのはまさにそれである。

しかし、正確で信頼できる予測が得られたら、処方的な部分はもうほとんどできあがっている。効果のランクに基づいて各地に予算を配分すればよい。その方法の一例はあとで示すが、さしあたり今は問いの立て方を学べばよい。

3.5.4　出店先の選定

私のお気に入りのユースケースの1つは店のオープンだ。CAPEXの最適化を取り上げたばかりだが、この2つは同じ問題の2つの形だということをこれから見ていこう。私たちの会社はコマーシャルプレゼンスの強化のための予算を持っており、もっとも高い収益が得られそうな場所に店を開こうとしている（**図3-6**）。自然なKPIは、店の正味現在価値（NPV）ということになるだろう。それともほかにもっと適したものがあるだろうか。

実は、この問題には複雑なところがある。すでに店を出している場所から非常に近いところにさらに店を開くことについて考えてみよう（スターバックスが同じブロックや近所にいくつもあるのはなぜなのか不思議に思ったことはないだろうか）。売上、利益とも上がるかもしれないが、その分近隣の店の利益は犠牲になっているはずだ。だとすると、少なくとも地域（近隣地区、通りなど。都市全体でもよいかもしれない）レベルでの利益の合計が信頼できるKPIになるだろう。

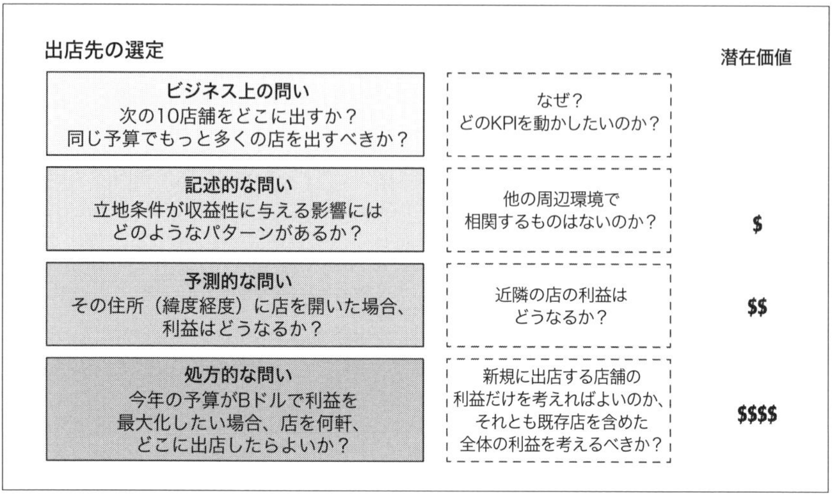

図3-6　新店舗の出店先に関連したさまざまな問い

　記述的には、立地条件の違いが利益に与える影響にどのようなパターンがあるかを探すところから始めるだろう。近くに自社店舗が別にあるか。競合企業の店舗はどうか、他店舗に来る潜在顧客数の概算データはあるか。地域の平均収入はどれぐらいか。住宅地の近くか。利益の違いを説明するパターンを見つけるための問いは無数に立てられる。

　CAPEXの配分のときと同じように、すべての店舗のNPVを完全に予測できれば、もう答えは出たようなものだ。このKPIのランクに基づいて予算の許す限り出店すればよい。もちろん、予算は限られているし、赤字になるような店を出すために投資したりはしないということが前提ではある。

3.5.5　誰を採用すべきか

　控えめに言っても、会社が大きくなるかどうかは従業員次第だ。私たちの日常的な意思決定の中でも、誰を採用するかは特に重要なものの1つである。人事部は、信頼性が高く揺らぎない採用プロセスを維持するためにかなりの労力を払っている（**図3-7**）。しかし、KPIの中に簡単に計測できないものが含まれているところが、採用のもっとも大きな問題だ。たとえば生産性について考えてみよう。セールスパーソンなら、一定期間内の営業成績という形で生産性は明確に計測できる。しかし、それ以外の多くの職種では、従業員の生産性はもちろん、売上にどれだけ寄与しているかさ

え、容易に計測できない。

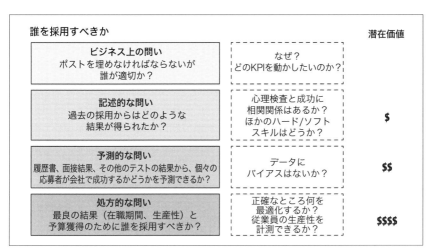

図3-7 採用に関するさまざまな問い

　営業部門のように採用について信頼性の高い生産性の指標はあるだろうか？　その指標は重要な意味を持つ唯一のKPIになるだろうか？　在職期間はどうだろうか？　たとえとびきり優秀なセールスパーソンでも、1か月後に転職するような人は採用したくないだろう。彼女がその1か月でどれだけ営業成績を上げても、採用、教育訓練コストにはとても見合わないはずだ。CLV（顧客生涯価値）のような指標があるとよい。そこで、従業員個人の利益に対する貢献度の正味現在価値を表すELV（従業員生涯価値）のような指標を使うことにしよう。そうすれば、在職期間の期待値と会社の利益への貢献度を計測できる。

　すべてのセールスパーソンについて、過去24か月のデータセットが揃っているものとする。顧客離反と同じように、さまざまな在職期間の現役従業員とすでに退職した従業員のデータセットが必要である。このような差異が含まれたデータを使うと、パターンを探せる。利益に直結するパフォーマンス指標（月間の営業実績）と少し測定しにくいパフォーマンス指標（360度評価など）があればさらによい。最後に、採用時の履歴書、学歴、過去の業務経験、心理測定的な適性検査、性別、年齢などのデータもほしい。これらのデータがあれば、データの中の相関関係を探してパフォーマンスの予測に使えそうな変数の感覚をつかめるだろう。

　予測的な問いは十分単純だ。事前情報（採用を決定する前に集められる情報）から

応募者の成績を予測できるかである。予測できるなら、この問題は少なくとも解決可能だということになるが、今までの例と同じようにこの問題には複雑な側面がある。ここでの問題は、あらゆる探索問題に見られるものである（配偶者などの大切な人を探す場合などを考えるとよい）。新しい従業員候補を探し続けるべきか。この人が見つけられる最良の人か。採用活動をあと1か月続ければ、もっとよい人を見つけられるか。ほとんどの探索問題で見られる**探索と利用**（explore-exploit）のトレードオフはあとで取り上げるが、さしあたり今は採用して最良の新たな社員を得るか（これが「利用＝exploit」の部分だが、もちろん「労働の搾取＝exploit」とは無関係である）、よりよい採用候補者を求めて市場を探索し続けるかを選べるということだけを頭に入れておこう。

　最後にこの種の問題でAIを使うときの注意点を1つ指摘しておきたい。それは予測アルゴリズムがデータに含まれるバイアスに影響されやすく、バイアスを探して修正するためにデータサイエンティストたちが苦労するはずだということである。たとえば、手持ちのデータセットによれば、女性のセールスパーソンたちは非常に好成績だが、1か月で退社してしまうものとする。予測モデルは、女性は男性と比べてELV（従業員生涯価値）が著しく低いと判断し、男性の新人ばかり採用するようになるかもしれない。しかし、女性がそのように早く退職するのはなぜだろうか。それは、社内にミソジニスト（女性差別者）の管理職がいるからではないか。だとすれば、その管理職を先に解雇してから女性の採用を増やせばよい。このように、データのバイアスをできる限り取り除かない限り、予測モデルには重大な欠陥が入り込んでしまう。データの世界でよく言われるように、ゴミを入れればゴミしか出てこない（GIGO、Garbage In, Garbage Out）。

3.5.6　延滞率

　ほとんどの会社は顧客のためにお金を融通する選択肢を用意している。たとえば、大手小売の大半は、店舗独自のクレジットカードを提供している。この業務を専門の業者（銀行）に委託できればさらによいが、資金は自分で用意しなければならないことが多い。ここで、延滞率を上げずにクレジットサービスを提供するにはどうすればよいかというビジネスの問題が持ち上がってくる（**図3-8**）。

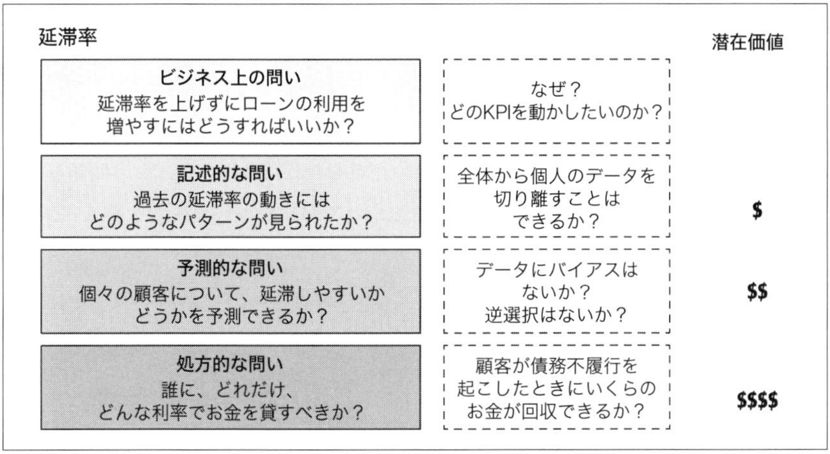

図3-8　クレジットサービスに関するさまざまな問い

　記述的な問いは、今までの問題とほぼ同じだが、2つの点を強調しておきたい。第1に、ビジネス上の問いを正しく定義し、それを処方的な問いに組み立てたあとで、その目的に役立つようなパターンをデータの中で探すようにすべきで、その逆にならないようにしなければならない。第2に、気になっている成果を予測するために、問題に関連する特徴量の差異を活用するようにしよう。そこで、地域や顧客の特徴量の差異と延滞率との相関を探すという形で予測的な問いを組み立てる。顧客がローンの債務不履行に陥るかどうかを予測できるか、また、延滞が発生したときには、その一部を回収できるか（おそらく積極的な回収戦略によって）である。

　倫理的な問題についてはあとで取り上げるつもりだが、データの中のバイアスが追求したい成果に広範な影響を与えることがあるということは大切なことなので繰り返しておきたい。クレジットサービスに関しては、過去のローンの提供方法のために過小評価されている人々を傷つけないような配慮が必要である。

　処方的な問いを立てるときには、動かしたい指標は何かを考えるところから始めよう。それは顧客が債務不履行に陥るかどうか（債務不履行になる確率）ではなく、クレジットサービスによるコストを差し引いた期待利益である。これから多くの期待値を扱っていくことになるが、さしあたり今は、処方的な問いに対する答えを考え与えるときには、アクションが生み出すコストと利益を明確に理解する必要があるということを言っておきたい。私たちのレバーは何だろうか？　貸付額の上限は決められるし、もちろんクレジットサービスの利用を認めるかどうかも決められる。銀行は利率

を設定したり変更したりもできるが、規制上の問題があるため、銀行以外の企業はこのレバーを使えない。

3.5.7　在庫の適正化

　ほとんどの企業は、各店舗に個々の商品の在庫をどれだけ持つかという問題を抱えている。銀行も、ATMにどれだけの現金を入れておくかという問題を抱えている。今回は今までとは逆に処方的な問いからスタートしてみよう。

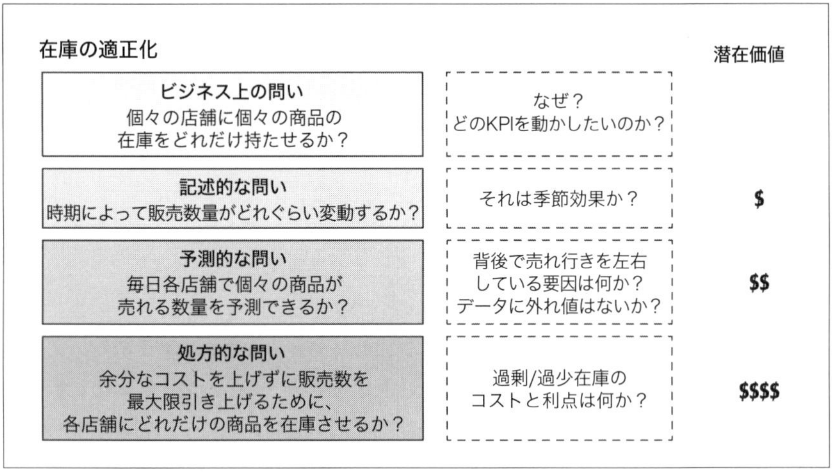

図3-9　在庫の適正化に関するさまざまな問い

　特定の商品が過剰/過少在庫になっているときのコストと利益を考えてみよう。商品が足りなくなれば、その日の販売数が下がる。その場合のコストは売上の低下だろう。過少在庫は物流コストも引き上げる。このコストは私たちの分析の中で無視できない大きさだ。では、過剰在庫はどうか。盗難や管理ミス、経年による価格下落の可能性はある。明日新しいもっとよい商品が登場して、古い商品の需要がなくなる場合すらある。

　処方的な段階では、これらのコストの**期待値**を最小限まで減らすために、個々の商品の適切な在庫量を見つける方法を探すことになる。これを実現するための細かい説明はあとでするつもりだ。この問題に潜む不確実性は何だろうか。ちなみに本書では、予測的な段階でそのような不確実性にある程度対処するためにAIを使っていくことになる。

　不確実性の第1は、個々の商品がどれだけ売れるかがわからないことだ。たとえば、

毎日同じ100個ずつ売れるというなら、少なくとも100個をかならず常備していなければならない。買えなくて不満を感じた顧客が出ると、この販売チャンスを失ったというだけでなく、将来の多数の販売チャンスを失ったことになるはずだ。彼らとその知人たちは、二度と店に戻ってこないかもしれない。あとは彼らがインフルエンサーでないことを祈るだけだ。そこで、まず決まった期間当たりの需要を予測するところから始めよう。しかし、その期間としてはどれを選べばよいだろうか。1日か、1週間か。ほかのコスト次第だ。盗難や経年による価格の下落といったほかのリスクと比べて輸送費が安ければ、翌日に新たな在庫を受け入れても問題はない（たとえば、ATMの場合など）。そうでなければ、これらが起きる可能性を予測する必要がある。繰り返しになるが、これは期待値の世界であり、詳しくはあとの章で説明するが、適正化は難しい。

　これで記述的分析ですべきことが明らかになった。時期や地域の違いによって販売数はどのように変わるか。季節効果はあるか。窃盗、強盗の被害はどうか。商品が耐久財（自動車、冷蔵庫、携帯電話、ラップトップなど）なら、経年によって価格が下がるか。これで構図が明らかになった。

3.5.8　店舗の人員

　最後の例は、店舗に配置する販売スタッフの数をどうするかだ。ある意味では、在庫数の問題と似ているところがある。過剰／過少配置のコストと利点は何か。

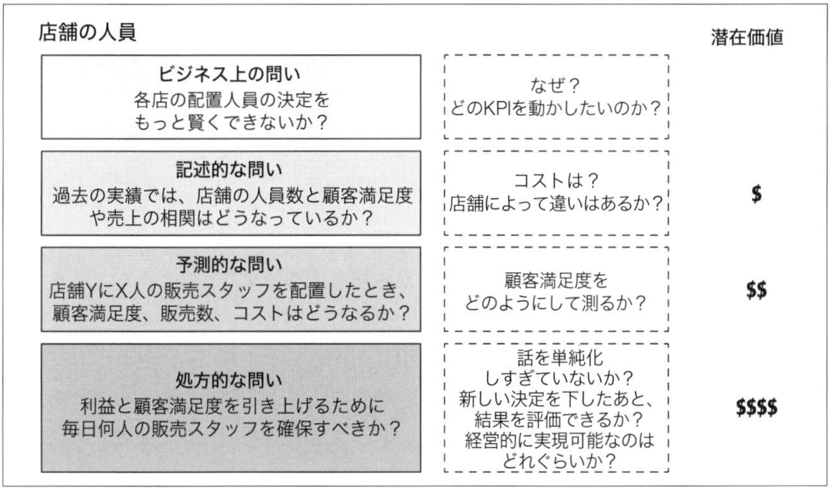

図3-10　店舗に配置する販売スタッフの数に関するさまざまな問い

人数が十分でなければ、売上は間違いなく下がる。長く待たされた顧客は店を出て競合他社の店で商品を買う。仮にその日は帰らずに買ってくれても、顧客満足度が下がるので、離反率が上がり、将来の売上に影響が及ぶ。それに対し、人員過剰になると、予測可能な不要コストが生まれる。そのため、最適化すべきKPIとして合理的なのは、期待利益（販売による売上から販売員の人件費を引いた額）になるだろう。最初から離反率への影響に注目するのはきついので、1日の期待利益を最大にするために適した販売スタッフの数を探すところから始めよう。すでに難しいこの問題に挑戦すれば、さらに先に進んで長期的な最適化の方法に進むことができる（単純化には価値があることを思い出そう）。

この問題を解くために知らなければならないことは何だろうか。不確実性が潜んでいなければ、分析をどのように進めていけるだろうか。1日の特定の時間帯、たとえば1時間、あるいは30分ごとに来店する顧客の数を知りたいところだ。個々の店舗でこのような顧客の流れを予測する必要がある。それがわかれば、販売スタッフの数から顧客の待ち時間が自然に計算できる。次に、納得できる待ち時間はどれぐらいかをはっきりさせる必要がある。店には顧客がたくさんいるピーク時と販売員が余っているように見える谷の時間帯があるので、待ち時間なしを目指すとコストがかかりすぎるはずだ。待ち時間はその日の利益に大きな影響を与える。

では、データから何を探すべきか。データから導き出したいのは店舗ごとの需要と必要人員の違いだが、予測したい成果のことも考えなければならない。すぐに思い浮かぶのは、販売数、利益、待ち時間、顧客満足度の4つだ。記述的な分析の段階では、これらの相関関係を探すようにする必要がある。

3.6　この章の重要な論点

- **ビジネス目標は通常すでに決まっている**。しかし、ビジネス目標を達成するためには正しいビジネス上の問いを立てる方法を学ばなければならない。
- **常にビジネス目標からスタートしそこから戻るようにする**。これから下そうとしている決定でもすでに下した決定でも、達成したいビジネス目標のことをまず考えよう。そこから手前に戻ってきて、引くことのできるレバーはどれか、レバーを引いた帰結がビジネスにどのような影響を与えるかを明らかにするのである。
- **なぜなぜ分析に対する答えが達成したいビジネス目標を明らかにするために役立つ**。一般に、このようなボトムアップのアプローチがビジネス目標を明らかにし、

取れるアクションの数を増やすために役立つ。しかし、コンバージョン率の分解と同じようなトップダウンのアプローチが役立つ場合もある。
- **記述的、予測的、処方的な問い**。記述的な問いはビジネス目標の現状に関連しているのに対し、予測的な問いは将来の状態に関連している。処方的な問いは、将来最高のシナリオを描くための正しいレバーを選択するために役立つ。

3.7　参考文献

　意思決定に関連して**よい**ビジネス上の問いを**立てる**ための方法を説明した本には出会ったことがない。と言っても、ビジネス上の問いの立て方によって結果に大きな違いが出ると主張した最初の実務者が自分であるというつもりはない。データサイエンスの方法論について書かれた本なら、ほぼすべてのものが少なくともこの問題に触れている。「1章　分析的思考とAIドリブン企業」の参考文献リストを見るか、フォスター・プロヴォスト、トム・フォーセット共著『Data Science for Business』(O'Reilly)(邦訳版『戦略的データサイエンス入門：ビジネスに活かすコンセプトとテクニック』(オライリー・ジャパン)を参照していただきたい。

　私から見て、これらの文献には少なくとも2つの欠点がある。第1に、ほとんどのデータサイエンティストは、処方的な問いを解決することを考えず、品質の高い予測ソリューションを用意することばかり考えている。第2に、ビジネスパーソン向けの文献は、AIと分析的思考が役に立つ意思決定問題の全体像を示してこれていない。

　この章で取り上げたユースケースの一部はほかの文献でも取り上げられているが、どの程度詳しく説明しているかははっきりわからない。コンサルティング会社が書いたホワイトペーパーはネットで探せる。それらからは面白い洞察が得られるだろう（しかし、当然ながらコンサルティング会社はユースケースを明らかにすることによって収益を得ているので、詳しい説明を期待してはならない）。

　両面プラットフォームについては、ジェフリー・G・パーカー、マーシャル・W・ヴァン・アルスタイン、サンジート・ポール・チョーダリー共著『Platform Revolution: How Networked Markets Are Transforming the Economy and How to Make Them Work for You』(W. W. Norton & Company)(邦訳版『プラットフォーム・レボリューション PLATFORM REVOLUTION：未知の巨大なライバルとの競争に勝つために』ダイヤモンド社) とデヴィッド・S・エヴァンス、リチャード・シュマレンジー共著『Matchmakers: The New Economics of Multisided Platforms』(Harvard

Business Press)（邦訳版『最新プラットフォーム戦略　マッチメイカー』朝日新聞出版）が面白かった。

　機械学習の倫理的な問題点は重要なテーマであり、6章と8章で取り上げる。

4章

アクション、レバー、意思決定

　3章では、ビジネスの問題を処方的な問いに書き換える方法を学んだ。私たちの場合、処方的な問いは、常にアクショナブルでなければならない。しかし、アクショナブルとは何なのだろうか。いや、**あらゆるソリューション**はアクショナブルなのではないだろうか。この章では、処方的な理想に近づくためのレバーを見つけたいという私たちの課題の中でこの問題を考える。

　注意しておきたいことが1つある。レバーを見つけるためには、**ビジネスを知る必要がある**。だからといって、特定の業種で何年も経験を積まなければならないと言っているわけではない。そういう経験があれば、ものごとがうまくいく理由やうまくいかない条件についての直感が養われているはずなので、役に立つ場合はあるだろう。しかし、専門的ではない、むしろ粗野なものの見方が独創的な考えを引き出し、選択肢の幅を広げることが多いのも事実だ。

　私たちの意思決定の構造に戻ると、私たちはビジネス上の成果という右端から、状況を動かすためのレバーがある左端に移ろうとしている（**図4-1**）。今までに説明してきたように、これは自然で健全な考えの進め方だ。ビジネスからスタートし、適切なレバーを引いて最良の結果を達成する方法を考えるのである。

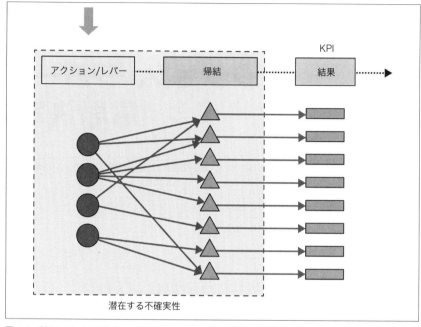

図4-1 引きたいレバーの特定

4.1　アクショナブルとは何か

　人生とビジネスには、過酷な真実がある。私たちの目標のほとんどは、私たちが取るアクションを介した間接的な方法でしか達成できないのだ。たとえば、販売数の増加、生産性向上、顧客満足度の向上やコスト削減は、そういっただけでは達成できない。達成したいものを実現する私たちの能力は、介在する人的、技術的な要因によって、制約を受ける。

　私たちの意思決定がビジネス目標に与える影響は、因果関係によって媒介され、ビジネス目標のために役立つこととそうでないことを知るためには、大量の実験とドメイン知識が必要とされるのが普通だ。

　一般に、レバーは2種類に分類できる。主として物理法則によって帰結を生み出すものと、人間の行動によって機能するものである。どちらにも固有の難しさ、複雑さがある。物理的なレバーは、自然法則と技術発展についての理解を必要とする。人間的なレバーは、人間の行動に対する理解を必要とする。

4.2　物理的なレバー

"レバー"という単語のもともとの意味は物理的なものである[*1]。支点と力点を持つ
レバーと呼ばれる棒の端の力点を押すと、重すぎて独力ではとても持ち上げられない
ようなものが持ち上げられるというものだ。物理的なレバーは、この例に限らず、現
代の経済で重要な役割を果たしてきた。産業革命期の急成長、マイクロチップの発明、
現在のインターネット革命などは、この種のレバーによる大躍進のごく一部である。

たとえば、ヘンリー・フォードの生産ラインの発明により、自動車の生産は大幅に
改良された。それは生産過程を完全にデザインし直した**だけ**のことだったが、その
"レバー"を引くと、従来よりも短い時間で多くの車を製造できるようになり、製造
費が大幅に削減された。

技術の進歩は、私たちが気が付かないところで物理的なレバーを次々に生み出して
いる。たとえば、携帯電話基地局のアンテナの高さや角度を操作すると、電話の通話
品質が向上したり、モバイル通信のデータ転送速度が上がったりする。同様に、ソフ
トウェア構成を改良すれば、クラウド、オンプレミスのどちらでも作業能力が向上す
る。物理的なレバーを手に入れるためには、獲得、採用のためにコストのかかる技術
的な専門能力を必要とする。しかし、現代の経済は技術革新によって成り立っている
ので、少なくとも何が実現できるかについての一般的な知識があれば、生産性と顧客
満足度を上げる上で大きな差を生み出せる。

最後の例としてレジ待ちの行列の誘導方法について考えてみよう。**図4-2**は2つの
行列の方法を示している。左側は複数のサーバを用意してレジごとに行列を作ってい
るのに対し、右側は同じように複数のサーバを用意しつつ、行列は1本にしてい
る[*2]。

ここで専門的な細部を説明するつもりはないが、一定の条件のもとでは、左側の行
列の作り方のほうが1本の長い行列を作る右側のやり方よりも平均待ち時間が長いこ
とが証明できる。あなたの職場でその条件が満たされ、あなたの目標が一般的な顧客
満足度（行列での待ち時間の長さによって計測できる）を上げることなら、行列の誘
導方法を変えるだけで目標を達成できる。

＊1　［訳注］英語では"てこ"の意味もある。
＊2　この場合、**サーバ**とは顧客にサービスを提供する人や機械（レジ）のことであり、コンピュータ
　　のサーバではない。

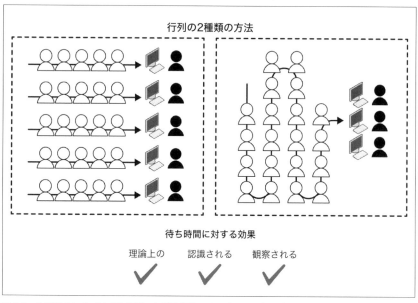

図4-2　物理的なレバーとしての行列：左側は複数のサーバのそれぞれに行列を作る形を示している。しかし、右側のように1列に並んで最後に複数のサーバに分かれるように並べば、待ち時間が短縮される。そこで、顧客満足度を上げたいときにはこの変更がレバーとして使える

待ち行列の物理的、心理学的レバー

図4-2については、右側のような並び方に切り替えると、**心理的な**待ち時間にもよい影響がある。しかし、これは心理学的な法則が作用する人間的なレバーの領域だ。人間的なレバーについてはすぐあとで説明するが、Alex Stoneの "Why Waiting Is Torture"（待つことが苦痛になる理由）（https://oreil.ly/s2Pwf）では、行列待ちの心理学についてのエビデンスが示されているのでここで紹介しておく。

4.3　人間的なレバー

　物理的なレバーのデザインと利用のためにはかなりの技術的な専門能力が必要なのと同じように、人間的なレバーも人間の行動についての深い理解が必要になる。人間には、物体とは異なる独自の、具体的に指摘できる難点がある。もっとも重要な部分を簡潔に説明しよう。

　はっきりしているのは、他者にこちらの望むように行動してもらうことを強制することはできないということだ。**インセンティブを与える**ようにしなければならない。潜在顧客に自社製品を買うように強制することはできないし、従業員にもっと働け、もっと生産性を上げろと強制することもできない。相手が自分の利益に基づき、あなたの目的にとって好ましい行動を取るように誘導するための条件を築く必要がある。

　しかも、私たちは**異質性と多様性**を持つ存在である。遺伝子的にはまったく同じ条件の一卵性双生児でさえ、行動様式は異なる。さらに、私たちには**主体感**というものがある。私たちには意思というものがあり、それは個人によって異なるだけでなく、同じ人の中でも生涯を通じて変化していく。

　さらに、私たちは**社会的な動物**だということが話をもう一段ややこしくしている。選択をするときにまわりに人がいるかいないかでどういう行動をするかは極端なほど変わる。そして、幼児から老人までのあらゆる人間が経験から学ぶ。極めつけとして、人間は間違いを犯す。人は過去の意思決定を後悔することがあるが、それを予測することは容易ではない。

4.3.1　人間はなぜそのように行動するのか

　ここからは、人間がこのように行動する理由を3つのカテゴリに煮詰めるという野心的な課題に挑戦してみようと思う。私はこの3つのカテゴリで人間の行動の理由の大部分をカバーできると思っている。私は経済学徒として教育を受けてきたので、読者は私の論理にバイアスを感じるかもしれないが、社会科学のほかの分野の専門家たちなら、それほど違和感はないのではないかと思う。

　これから主張しようとしているのは、私たちの行動が**選好**（価値観）、**期待**、そして直面する**制約**の3つによって規定されるということだ。これらは、経済学者が描く合理的な人間の姿にぴったりと合っているが、必ずしも経済学におけるいわゆる合理性という考え方とはほとんど関係がない[*3]。

　あなたがなぜこの本を買ったのかについて考えてみよう。私が思うに、あなたはAIのことを学び、よりよい意思決定のためにAIを活用したいと思っているが、この本がよいものかどうかはわからないので、最高の内容を期待して思い切って買ってみたというところだろう。しかし、あなたは今すぐ別のことをすることもできる。専門書でもそうでなくてもほかの本を読んでもよいし、映画を見たり、眠ったり、家族と

---

*3　合理性は選択の一貫性に関わるものだが、私は選択の一貫性を利用したり主張したりはしない。

過ごしてもよい。あなたはきっとこの本を読んでよかったと思うだろう（少なくとも、そう思うことを期待したはずだ）。それと同時に、あなたにはこの本を買うだけの経済的余裕と読むだけの時間がある。この2つは私たちが一般的に直面する2大制約だ。

　このことをほかの選択にも一般化できるだろうか。私は、すべての選択でなくてもほとんどの選択に一般化できると考えている。ある意味では、この主張はトートロジーのようなものだ。人になぜそうしたのかと尋ねれば、いともたやすく"そうしたかったから"と答えるだろう。

　さて、選好には少なくとも個人的な選好と社会的な選好の2種類がある。この区別をすると、まわりに他人がいるか自分1人であるかによって選択が変わることを計算に入れられるようになる。

　ではこれらについて詳しく見ていこう。

4.3.2　制約によるレバー

　価格設定のレバーから始めよう。価格設定は、売上を増やすというビジネス目標を実現するためのもっとも一般的なアクションだ。私たちにとって価格設定はお気に入りのレバーの1つだが、それは売上に直接影響を与えるからだ。売上は価格（P）に販売数量（Q）を掛けた値、すなわち $P \times Q$ だ。

　面白いことに、売上は価格によって左右されるが、その影響の与え方が複雑なので、レバーを引くべきかどうかは自明ではない。難しいのは、経済学者が言う"需要の法則"のためだ。それによれば、価格を**上げる**と販売数量は一般に**下がる**。販売数量が価格によって左右されるため、売上を $P \times Q(P)$ と表現すれば、価格レバーを引いたときに売上が2通りの影響を受けることがわかる。つまり、第1項からの直接的なプラスの効果と第2項からの間接的なマイナスの効果だ。全体としての効果は、価格変更に需要が敏感に反応するかどうかによって決まる。

需要の法則

　図4-3は、需要（Q）（横軸）が価格（縦軸）によって変わることを示している。軸の縦横がわかりにくいからといって混乱しないように注意しよう。価格（私たちにとってのレバー）を横軸にしたほうが自然だと思うが、歴史的な理由から経済学者は需要関数をこのように描いている。むしろ**逆**需要関数と言ったほうがよいと思うが、このような名前は定着していない。

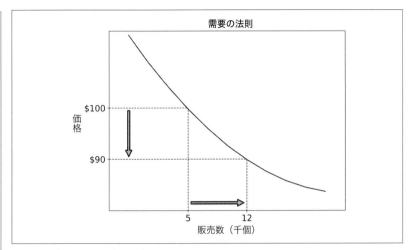

図4-3 価格が上がると販売数が減る

　重要なのは、価格が下がれば顧客は商品をたくさん買うようになることを認識することだ。このグラフでは、100ドルから10ドル値下げして90ドルにすると、販売数は7,000個増える。これと**図4-4**の事例Aと比較してみよう。1ドル値下げするだけで、販売数は同じ数だけ増加している。

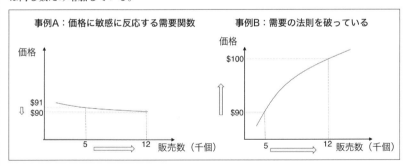

図4-4　事例Aは価格に敏感な需要関数、事例Bは需要の法則を破る需要関数

　両者の違いは、経済学者が**価格弾力性**と呼ぶものの違いである。顧客が価格の変動にどれだけ敏感かということだ。価格弾力性にはさまざまな決定要因があるが、もっとも重要なのはほかの選択肢、代用品の有無と特定の商品の消費に向けられる収入の割合である。

　図4-4の右側は、価格の**上昇**にともなって需要が上がり、需要の法則を破っている商品の事例を示している。経済学者たちがギッフェン財とよぶこのような事例は、実生活

で本当にあるのだろうか。高級ワインや宝石、その他の贅沢品について考えてみよう。一部の人々にとってそれらの商品は価格が上がれば上がるほど需要も上がる。それは価格が高いほど品質が高く、高級品だということになるからだ。そのような高級ワインと顧客がいたとする。ワインを値下げしたら、彼らは買うワインの数をどれぐらい**減らす**だろうか。彼らが評価しているものが価格ならそういうこともあるかもしれないが、彼らが価格とは関係なくワインそのものを気に入っているならそんなことはないだろう。

　価格レバーと売上の標準的な関係をグラフにすると、**図4-5**のようになる。これを見ると、価格レバーを引こうと考えるときには、自分たちがこのグラフの縦線よりも右にいるのか左にいるのかを知っていることが大切だということがわかる。**A**の領域にいるのなら、値上げによって売上が**上がる**ので値上げすべきだ。**B**の領域にいるのなら、その逆になる。数学はさておき、直感的にわかることがある。顧客が価格にあまり敏感でなければ、たとえば1ドル値上げしても、需要の**低下**は値上げ率ほどではなく、全体としては売上を増やす効果があるはずだ。価格と売上の最適化では、このような調整はごく普通に行われる。これは処方的な分析がもっとも成功を収めてきた分野であり、「7章　最適化」で詳しく取り上げる。

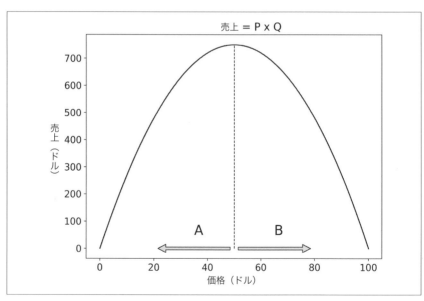

図4-5　価格設定によって売上はどのように変わるか

この例から、価格レバーの選択が自明からはほど遠いことをしっかりと知ってほしいと思っている。しかし、私の考えでは、価格レバーの選択は処方的分析のもっとも面白く成功した例の1つでもある。値下げを検討するなら、価格の下落率よりも需要の上昇率のほうが早く現れる場合にすべきだ[*4]。そうでなければ、ほかのレバーを探したほうがよい。

制約としての価格レバー

読者は、私が価格レバーを制約に分類したのはなぜかと疑問に思ったかもしれない。顧客が需要の法則（価格と購入数の反比例関係）に従う重要な理由の1つは、価格変更が顧客の予算上の制約に影響を与えることにある。

面白いことに、この効果は現在の顧客だけでなく、現在の価格が高すぎるためにまだ商品の購入に至っていない将来の顧客にも及ぶ。

しかし、いつも本当にそうなのだろうか。**図4-4**の事例Bのような議論はさておき、ほとんどの場合、私たちは需要の法則に従っている。そのため、ほとんどの人は当然のように価格を制約だと思っている。

◘ 時間の制約

私たちにとっての2大制約が時間と資金であることは偶然ではない。予算の制約についてはすでに説明したが、時間の制約はどうだろうか。企業は予算の制約と同じように時間の制約をレバーにしているだろうか。

デジタルバンキングについて考えてみよう。あなたがどうかはわからないが、私の知人たちの大半は、貴重な時間が無駄になるからと銀行の支店に行く気になどとてもなれないでいる。顧客の時間的制約を緩和し、ほかの活動のために使える時間を返すことは、ユーザーエクスペリエンスを向上させるための最良の方法の1つである。

デジタルバンキングの例では納得しきれないというのなら、かかる時間が短くなればやってみたいことがあるか考えてみてほしい。たとえば、ジムにいる時間が60分から30分というように、半分になっても同じ結果が得られるならどうだろうか。1日10分で腹筋を完璧な形に鍛え上げることを約束するようなインフォマーシャルは、どれもこのレバーを引いている。人々はお金と同じぐらい時間を大切にしている。何しろ"時は金なり"と言うぐらいだ。

[*4] 長期的な売上を増加させると考えられている支配的な市場シェアの確保を考えるのでない限り。ただし、シェア確保は別のビジネス目標である。この場合、短期的には損失を出しても、長期的な利益のために正味現在価値（NPV）を改善しなければならない。

4.3.3 選好に影響を与えるレバー

では、制約以外で何かをしたいとか何かをすべきだと考える決定要因について考えてみよう。これから見ていくように、それらは**すべて**アクショナブルで、世界中のさまざまな企業が活用している。

◻ 遺伝

私たちの行動のうち、遺伝によって規定されているものと社会的な教育によって形成されるものはそれぞれどの程度なのだろうか。この**氏か育ちか**の論争は、それぞれの相対的な重要性を実証的に解きほぐすのが非常に難しいこともあって、社会科学や行動科学でもっとも重要で対立が激しくなる議論の1つである（**図4-6**）。たとえば、あなたが両親と同じように赤ワインが好きだとして、それは遺伝子によるものだろうか。両親が赤ワインを楽しむところを見ながら育ったことが、**社会的な**影響を与えたとは言えないだろうか。

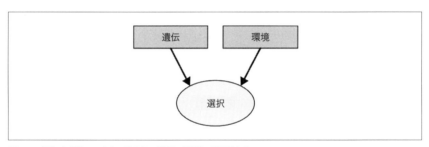

図4-6 遺伝と環境は、ともに私たちの選好、選択に影響を与える

遺伝と環境の両方が重要な意味を持ち、特定の遺伝子の持ち主が特定の環境で育つとある行動が見られるようになるというもっとも支持されている考え方を取ることにしよう。そして、この知識をレバーとして活用してビジネス目標の達成に役立てられないかを考えてみたい。

顧客のDNAを変えられないことは最初から自明に感じられるが、そう遠くない将来、行動遺伝学の進歩により、特定の顧客を特定の環境に置くというレバーの活用方法が完全に解明されるだろう[5]。すでに、私たちが買い物をするときの店内のアロマ

---

[5] たとえば、『The Globe and Mail』に掲載されているキャロリン・アブラハムの論文、"Why your DNA is a gold mine for marketers"（マーケターにとってあなたのDNAが金鉱石である理由）（https://oreil.ly/w9f0o）を参照のこと。

を変えるという**非常**に初歩的で荒削りな方法で遺伝のレバーを引いている店はすでに
たくさんある。しかし、遺伝子プロファイリングが利用できる世界を想像してみよう。
店に入ってきた人が私たちの商品にとって重要な意味を持つ遺伝子マーカーを持って
いるかどうかの知識があり、彼らがその商品を買う可能性が高くなるような感覚的経
験を提供すればどうなるだろうか。

　この話はここまでとしておこう。このテーマはあらゆるタイプの倫理的な問題を引
き起こすことを忘れないようにしてほしい。倫理の問題については、本書でもあとで
取り上げるつもりだ。

◪ 個人と社会的学習

　意思決定理論の専門家や経済学者の大半は、人は合理的で一貫性のある選択をする
と考えているが、実際には、私たちは自分が何を求めていて何を気に入っているかわ
からない状態で買うものを選んでいることが多い。新しい食べ物を試して嗜好の多様
性を広げたいと思う人もいれば、新しいものを試してひどい目にあったことがあるた
め、自分がすでに知っていて安心できるものばかりを食べるという人もいる。

　いずれにしても、選好は一定のものに固定されておらず、ほとんどの人は新しいも
のを試してみようという気持ちを少なくともある程度持っていることは、ビジネス目
標の達成に役立つレバーを探すために利用できることだ。特に会社が新製品を出すと
きに役立つ。顧客は試してみたことのないもののためにお金を使いたがらないものな
ので、企業は一般に無料サンプルを提供する。こうすれば、新製品を試すためにかか
る現実的で目に見えるコストを削減できる。気に入ってくれた顧客は、次は普通にお
金を払ってその商品を買うようになるだろう。

　これは個人的学習と社会的学習の両方に応用できるが、社会的学習の場合には、影
響力の強い人を使うという第2のレバーがある。デジタルのソーシャルネットワーク
が発達した現在では、企業は顧客に新商品を試そうと思わせるためにインフルエン
サーを使うようになってきており、無料サンプルの提供は不要になりつつある。

◪ 社会的な理由：戦略的効果

　グループに新しく入ってきた人が新しい考え方や行動様式を伝えるという**図4-7**の
ような状況を想像してみよう。彼女はグループのあるメンバーに深い影響を与え、そ
のメンバーは彼女と同じように行動するようになる。そしてさらに別の人、別の数人
にそれが伝染していく。

　このような社会的効果をビジネス目標達成のためのレバーとして活用するためにはどうすればよいだろうか。前節では、このような動きが起きる理由の1つ（社会的学習）を取り上げ、活用できる2つのレバー（無料サンプルとインフルエンサー）について考えた。

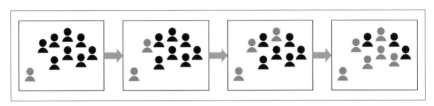

図4-7　社会的伝染

　しかし、こういったダイナミクスは、戦略的効果として説明できる場合もある。Airbnb、Uber、WhatsApp[*6]、Facebook、GoogleやiOS、Windowsのようなオペレーティングシステムなどの両面プラットフォームについて考えてみよう[*7]。**図4-7**に戻るが、ヨーロッパからやってきた人が友だちグループに入ってきて、ヨーロッパでは最新のメッセージアプリが流行っていると言ったとする。最初は彼女ともっとも親しい友人がそれをダウンロードして試してみる。もちろん、彼女とチャットするためだ。しかし、そのうちにほかの2人がそれを試すようになる。なぜかといえば、友だちがいつも話題にしていることを知ってみたいからだ。輪の中に入る人が増えれば増えるほど、その輪の中に入りたくなってくる。これが2サイドネットワークで作用するネットワーク効果の第1のタイプだ。

　第2のタイプは、反対側のネットワークに影響を与える。Uber[*8]について考えてみよう。参加するドライバーが増えれば、旅行者が乗れる車を見つけやすくなるので、顧客が増えていく。一方、そうして需要が高くなると、ドライバーとして参加する利益も高くなる。両面プラットフォームが強いポジティブフィードバックループを生み出す理由はこれだ。自分の行動が他者の行動によって変わり、その逆もあるということから、このようなダイナミクスは一般に"戦略的効果"と呼ばれている。

＊6　［訳注］日本のLINEのようなもの。

＊7　両面プラットフォームについては、3章でも取り上げた。

＊8　［訳注］日本ではUber Eatsのほうが有名だが、もともとUberは料理ではなく人間を運ぶドライバーを集めて移動の需要に応えるというビジネスから始まっている。

　ビジネス目標の達成のためにこのレバーを活用できるだろうか。もちろんだ。割引や優待料金を使って価格に**敏感なほう**のサイドにコストをかけるというのが、両面市場でもっともよく使われるレバーの1つである。すると、今説明した2つのポジティブフィードバックが生まれる。そして、価格に敏感なほうを選んでいるため、レバーのコストを下げられる。たとえば、Uberは乗客のほうの料金を下げて個々の乗車に金銭的な支援を与えている。Googleはサーチエンジンを無料にしているが、広告スペースはオークションで決めている。

◘ 社会的な理由：同調とピア効果

　私たちは、社会ネットワークに属していたいというだけの理由で、社会ネットワーク内での変化に合わせて自分の行動を変えることがよくある。このような同調行動は一見ややこしいものだが、インフルエンサーの事例をとても簡単に説明することができる。

　なぜ、人はセレーナ・ゴメスやクリスティアーノ・ロナウドがインスタグラムで着ている水着を買いたくなるのだろうか。それは、あるグループに**所属**することの必要性や願望をアピールするためでなく、彼らが着ているところを見て初めてそれがいい感じだと**学習**したからかもしれない。

　戦略的効果から同調が生まれる場合もある。仲間やグループからの圧力を負担に感じるので、まわりのみんなと同じことをするのが自分にとってもっとも利益になると思う場合である。友だちや同僚も同じ理由で同じ行動を取るようになると、群衆行動と呼ばれるものが生まれる。

　要するに、この議論は学術的なものにはならない。10代のような特定の人口層には影響があり、レバーとして使えるかもしれないが、ほかの人口層にはそれほど有効ではないかもしれない。私は、少なくともほかの人口層では、同調行動や所属欲求に注目すべきことを示す信頼すべき実証的証拠を見たことがない。

　最後に、同調が重要な役割を果たすかもしれないユースケースとして、企業文化について見ておこう。企業文化がよければ従業員は幸せに感じて生産性が高くなるだろうし、悪ければ強盗、汚職などの本当にひどい成果を生み出しかねないだろう。企業文化は大切だと思うからこそ、望ましい企業文化を作り、育てていく方法を探すのは、CEOやCHRO（最高人事責任者）の仕事だと考えられている。しかし、同調願望は新しい文化が生まれる理由の1つでもあるので、社内のインフルエンサーとなる人を見つければレバーの1つになる。そのような人としては、CEOと役員会構成メンバー

以上の存在はないのではないだろうか。

◘ フレーミング効果

　ここからは、"非合理的"な行動や"一貫性のない"行動を系統的に研究する行動経済学の領域に入ろう。一見一貫性がないように見える行動にも、ビジネス目標達成のために使える一貫性が潜んでいることがわかるはずだ。

　あなたの会社の商品と競合他社の商品があり、あなたの会社の平均的な顧客は、ある状況の下ではあなたの会社の商品を買い、そうでなければ他社の商品を買うものとする。あなたの商品（または競合他社の商品）自体には選択の理由を説明するものがなく、意思決定に至るまでの流れのような外部的なものによって最終的な成果が決まるというのだから、この一貫性を欠いた行動は悩ましいものである。

　選択肢として大きさと値段の2つの属性が異なる3種類のテレビがある状況を示した図4-8について考えてみよう。ここでの問題は、2つの属性が競い合う性質を持つことである。大きいテレビがほしければ、値段も高くなる。値段とサイズの間でバランスを取らなければならない。Aは画面サイズがもっとも小さい分、もっとも安いモデルでもある。BはAと大差はない（特にCと比べると）。Cは画面サイズがもっとも大きいが、値段もかなり高くなる。あなたならこれらの中でどれを選ぶだろうか。

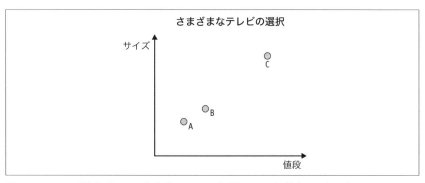

図4-8　フレーミング効果：○はそれぞれ価格と画面サイズが異なるテレビの特定のモデルを表している

　多数派に属する人ならBを選ぶだろう。特にCが高いことを考えれば、2つの属性のバランスから考えてもっとも合理的な選択だと感じられる。マーケターたちは古くからこの効果を研究してきているので、売りたいものを顧客が選ぶように誘導するためにフレーミングレバーを活用している。論点をはっきりさせるために、今言ったば

かりのことを繰り返そう。彼らは最初からBを売りたいと考えている。そこで、"フレーミングレバー"を引くことにした。彼らはじっくり考えて見せ球にするほかの2つの商品を選定し、私たちが"自然に"Bを選ぶように仕向けたのである。

次に、**図4-9**について考えてみよう。今度は新しいラップトップを買おうとしており、気になっている属性はメモリ（RAM）の容量とプロセッサ（CPU）の処理速度だけである。事例Aは、両方がはっきりとトレードオフになっている状況を示している。つまり、メモリはたくさんあるけれどもCPUは遅いか（A）、その逆か（B）である。このように気になっているすべての属性で優れているものがない中で選択を迫られるのは辛いものである。何かを犠牲にしなくても済むほうがずっと気が楽だ。

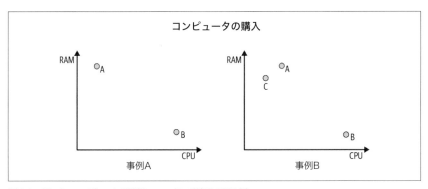

図4-9　買いたいコンピュータの選択：フレーミング効果の別の例

どちらかを選ぶ理由があればよいのではないだろうか。そこで事例Bが登場する。販売店はラップトップAよりも明らかに劣る第3の商品を打ち出してきた（CはAよりもメモリが少ない**上に**CPUの処理速度も遅い）。なぜこのようなものを出してきたのだろうか。Cという商品は、比較対象として異論なくAを選ぶ理由を提供しているのである。

ここでのレバーは、**選択の枠組みを作ってみせる**ことだ。売上にマイナスの影響を与えるほかのレバー（値引きなど）とは異なり、これはただで販売数を上げるための手段のように感じられる。

◘ 損失回避

顧客の選好に影響を与えるレバーとして本書で最後に取り上げたいのは**損失回避**である。名前がヒントになっているが、これは持っているかどうかでものの価値が変わ

るということである。しかも、ないと損をするという形で選択が示されると価値が変わるというところが面白い。私たちがお金をどのように評価するかを効用関数で示すと、**図4-10**のようになる。効用関数は、持っていて大切に思っているものの量を効用、または満足の度合いに変換する関数で、意思決定の分析のために広く使われている（「6章　不確実性」参照）。

　横軸はお金がどれだけ手に入るかを示し（負の数なら、失う）、曲線はそれぞれの状態をどのように評価するかを示す。この関数で重要なのは、獲得と損失で非対称的になることである。25セントの得は同額の損よりも評価の絶対値が低い。損失回避とはこのようなものの感じ方を指している。私たちの脳は、得することよりも損することに敏感になるように作られているのだ。

　人間のこの性質は、私たちのビジネス目標達成に役立てられるのではないだろうか。今さら驚かないかもしれないが、答えはイエスであり、顧客とどのように接するかによって差が出てくる。損失回避理論によれば、損するかどうかによって選択肢を示すと差が出る（これにも実験によって蓄積されたエビデンスがたくさんある）。

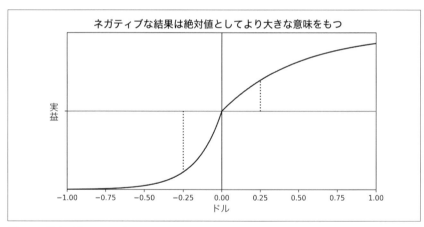

図4-10　損失回避：25セント得すると言われても25セント損すると言われたときよりも響かない

　最新版の商品を売りたいものとする。損失回避理論に興味があるなら、次の2つのメッセージでA/Bテストをしてみるとよい。

A

> "このすばらしい新製品を是非お買い求めください！"

B

> "一生に1度のチャンスです。新製品購入のチャンスを逃さないでください！"

　Bは損をするという形で顧客に接しているので、Aよりもコンバージョン率が高くなるはずだ。嘘だろうと思われるかもしれないが、このテストは**比較的**低コストなのでしてみない手はない。私たちの目的は、値引きせずに商品を多く売ることだということを忘れないようにしよう。

4.3.4　期待を変えるレバー

　今までは選好と制約を取り上げてきた。選好は私たちの選択を左右し、制約は競合製品の中から特定の選択肢を選ぶことを強制する。では、**期待**はどのような役割を果たすのだろうか。

　ほとんどの場合、私たちは選択の成果を知ることなく意思決定する。その人と付き合ったり結婚したりするかしないか。コーヒーを買うか紅茶を買うか。ポストのオファーを受けるか受けないか。こういったことについて考えると、どれも**不確実性**という条件のもとで意思決定していることがわかる。

　私たちの脳は強力なパターン認識マシンで、比較的良い予測をすることが多い。しかし、どういう仕組みで予測しているのだろうか。DNAに確率法則が組み込まれているのだろうか。

　ノーベル経済学賞を受賞した心理学者、ダニエル・カーネマンと共著者のエイモス・トベルスキー（そして彼らの学生、共著者たち）は、人間の脳が不確実性に支配された世界で生き残るために必要な計算の多くを単純化していることを教えている。そのような単純化、ショートカットの中でももっとも重要な2つは、利用可能性ヒューリスティクスと代表性ヒューリスティクスである。ビジネス目標の達成のためにこれらのレバーが使えることを見ていこう。

◘ 利用可能性ヒューリスティクスと代表性ヒューリスティクス

　ヒューリスティクスとは、不確実性のもとでの判断のような計算困難な問題を解決するために使われるショートカット、概算のことである。その場しのぎで概算とも言えないような場合があるが、何も決めないよりもよい。私たちの脳は、おそらくそう

いうことによって強力なパターン認識マシンに発展したのではないだろうか。

正しいと思っていることを定量化するためには証拠を集めなければならないが、それは一般にコストがかかる（おそらくあなたも体験したことがあるだろう）。利用可能性ヒューリスティクスは、もっとも手軽に得られるエビデンスを今後に起きることのシナリオとして採用することである。それに対し、代表性ヒューリスティクスは、たとえ不十分であっても手持ちのエビデンスを取り出し、その延長線上で判断することだ。これらはどれもショートカットだということに注意しよう。時間とリソースがあれば、もっと多くの質のよいエビデンスを集めてそこから考えを組み立てられたはずだ。

この知識を使って宣伝の効果を上げる方法を考えよう。宣伝には、かならずしもすぐに効果を生まなくても、ブランドの知名度に影響を及ぼすという側面がある。潜在顧客が実際にものを買おうと思ったときに、宣伝がうまく効いていれば、私たちのブランドが彼らの頭に浮かび、利用可能性ヒューリスティクスが作用してくれる。

代表性ヒューリスティクスのほうはどうだろうか。あなたの会社の最初の製品がとても優れていれば、顧客はその延長線上であなたの会社の第2の製品を買おうと思う。コーポレートガバナンスの問題でも代表性ヒューリスティクスが働く。あなたの会社がもっとも基本的な倫理基準を尊重していないという評判が立つと、顧客はその延長線上であなたの会社の製品の品質を判断する。選択に影響を与えるヒューリスティクスは無数にあるので、会社にとって有利に働くようにそれを使おう（そして、会社にとって不利に働かないように細心の注意をはらわなければならない）。

4.4　3章のユースケースへの応用

ここまでの部分はかなり内容豊富だったが、それは、ビジネス目標を達成するためのレバーはさまざまな考え方によって見つけられることを示したかったからである。3章のユースケースに応用すると、そのことがより鮮明になるだろう。

4.4.1　顧客離反

今までの話を振り返っておくと、私たちはまずビジネス上の問いを処方的な問いに書き換えた。そして今はそのビジネス目標を達成するためのレバーを探している。3章では、目標とすべきは離反率の減少ではなく、離反防止キャンペーンから得られる利益を最大化することだという結論に達した。この結論に従えば、こちらのブランドに引き止めておくためにコストがかかりすぎるような顧客は、去るに任せるのが一番

だということになる。

このビジネス目標を達成するために取れるアクションは何だろうか。競合他社ではなく私たちの会社の顧客でいようと思う理由は一体何かについて考えてみよう。基本に戻るのである。

一般に、顧客は私たちの会社に十分な品質の商品、手頃な価格、手厚い顧客サービス（サポートが必要な場合）の3つを求めている。さらに、少なくともある程度までならこれらのうちの1つまたは複数がトレードオフの関係になっても受け入れる。この知識を活用するためには、選好、制約、期待の世界に入っていかなければならない。

値下げによって短期的な利益が犠牲になっても、長期的にプラスの効果が蓄積していくなら許容できる。しかし、手持ちのレバーは値下げだけではない。ロイヤルティプログラムを作ったり、競合他社の製品の弱点を強調したりして、乗り換えにはコストがかかると感じてもらう方法もある。競合他社の製品ではなく私たちの会社の製品を知っているということから、損失回避や利用可能性ヒューリスティクスを活用するレバーを考え出すのもよい（"知らぬ神より馴染みの鬼"）。

先ほど触れた人間の一貫して一貫性のない行動を利用するというのはどうだろうか。ほとんどの経済学者は、フレーミング効果は一時的なレバーにしかならないと考えている。顧客たち（または競合他社）も、誘導されていることにいずれ気づく。この方法で短期的な超過利潤を引き出してもよいが、ビジネスモデルの不可欠な部分とは考えないようにすべきだ。

4.4.2　クロスセル

クロスセルでは、個々の顧客のためにネクストベストオファーを探して、CLVを最大限に引き上げることを目指す。そのような意味では、私たちの主力のレバーは、個々の顧客に個々の製品を提案すること、または提案しないことである。レバーとして"提案しないこと"を入れておくべきことに注意しよう。顧客が望まない提案をすれば、顧客が離れ、CLVが下がる。

もっとも、副次的なレバー、つまりクロスセルを実現するためのレバーとして今までに取り上げてきたテクニックの一部を使うことはできる。たとえば、提案の伝え方、フレーミングの方法はいつでも販売の側面支援として使える。

4.4.3　CAPEXの最適化

もっとも直接的なレバー（資金を支出するかしないか）はすでに詳しく説明したが、

支出と帰結を結びつける媒介要素は理解できているとはとても言えない。

　たとえば、CAPEXは物理的レバーが非常に大きな役割を果たす例の1つである（コスト削減のためのテクノロジーへの投資などについて考えてみよう）。しかし、売上に影響を与える人間的なレバーも考えられる（ある程度の規模の経済を実現できるまでコストが高くなっても、製品が魅力的なものになる新技術への投資など）。

　この種の問題は非常に幅が広いので、レバーはケースバイケースで探さなければならない。

4.4.4　出店先の選定

　CAPEX最適化問題と同様に、直接的なレバーはさまざまな場所に店を出すか出さないか（あるいは一部の店を閉店するか）だが、これらのアクションがビジネス目標に影響を及ぼす理由はとても明確だとは言えない。このレベルでは、支店の出店を決断すると、銀行口座に利益が集まってくるというのはほとんど手品のような話だ。

　出店と利益増の帰結を結びつける媒介的なレバーでもっとも重要なものは、需要のシェアを獲得したり（価格や数量のレバー）、コスト（地域によってまちまちになる）を削減したりする能力の強化である。これらについてはあとの章で詳しく説明する。

4.4.5　誰を採用すべきか

　ここでの目的は採用によって得られる利益を最大化することだ。そのためには、従業員がビジネスに与える影響をしっかりと理解していなければならないが、それは「7章　最適化」で詳しく見ていくように、決して自明ではない。しかし、このことが理解できているとすれば、判断すべきことは採用するかしないか、そのためにどれだけのコストをかけるかである。ここでも2項対立的なレバー（採用するかしないか）と細かく調整できるレバー（給与、福利厚生、エモーショナルサラリー*9、職場環境、その他リクルーターが使えるあらゆるレバー）がある。

4.4.6　延滞率

　ビジネスの問題は、掛売りによるROIを最大限に引き上げることだ。そこから考えると、このユースケースのレバーとして自然なものは、貸付額（0を含む）、返済期

---

*9　［訳注］金銭面での報酬に対して、モチベーションやポジティブな感情といった感情面での報酬のこと。感情報酬ともいう。

間、利率（規制上許されている場合）の3つである。現時点では、これら3つを最適化するための複雑な細部については忘れてよい。まず、自由に使えるレバーの種類を理解するところから始める必要がある。

しかし、もっと発想を豊かにして人間の行動心理学的なレバーを試してみることもできる。たとえば、クレジットカードに子どもたちの写真を入れれば、顧客たちが期限までに返済する可能性が**高く**なるのではないか。あるいはコミュニケーション戦略として、明るい顔文字付きのショートメッセージを送るだけでも、返済しなければという気持ちを**後押し**できるのではないか。この場合も、レバーを試すためにかかるコストは比較的低い。必要なものは、実際に使える仮説、型にとらわれずに自由に考える能力、コストのかからないレバーを探すことに対する利害関係者の支持だけだ。

4.4.7　在庫の最適化

もっとも基本的なところで、個々の商品の在庫数を適正化して効果を上げようということである。すると、レバーは単なる数値である。数値は正の数になる場合もあれば（在庫数を増やすべき場合）、負の数になる場合もある（この地域ではとても売り切れないので他店舗に一部を回す場合）。ゼロという場合もある（現在の在庫が適正な場合）。しかし、ほかに物理的レバーがないというわけではない。たとえば、一次在庫や輸送コストの削減を検討するとよい（Amazonが参考になる）。

4.4.8　店舗の人員

この問題で引けるレバーも、物理的制約や店舗運営上の制約によって限られたものになる。たとえば、時間または日ごとに人員を増減させることは、店舗運営上可能か。30分単位ではどうか。利益や顧客満足度を最大化するためには、各店舗に適切な数のスタッフを配置しなければならないことを忘れてはならない。しかし、必要人員数はある時点で顧客が何人いるかによって左右される。そのため、配置人員の変更頻度次第では、人員が過剰になったり過少になったりする。

型にとらわれない思考を許すなら、このような店舗運営上の制約を緩和するために、人員の"Uber化"、すなわち需要があるときだけ人を雇うという方法さえ検討してよいだろう。

4.5　この章の重要な論点

- **ビジネス目標を決めたら、それがアクショナブルかどうかを検討しなければならない。** ほとんどの場合、ビジネスの問題はアクショナブルだが、型にとらわれない思考が必要な場合もある。
- **レバーの選択は、因果関係の問題である。** ビジネス目標の達成に役立つ判断を下したい。そのためには、レバーと帰結の間に因果関係が必要になる。
- **レバーには大きく分けて物理的なものと人間的なものの2種類がある。** 物理的なレバーは一般に技術革新を活用したものである。それに対し、人間的なレバーは、顧客、従業員、その他会社の生産過程に関係のある人々がなぜそのような行動を取るのかについての深い理解を必要とする。
- **アクションと帰結の関係を理解するためには、仮説を立てなければならない。** 人間がどのように動くか、ある方法が機能するかどうかについては膨大な知識の蓄積があるので、ほとんどの場合、車輪の再発明をする必要はない。この章では、これらの問題を考えるときに役立つと私が考えていることについて駆け足で大雑把な説明をした。
- **仮説は間違うことが多いが、学習のプロセスとして許容すべきだ。** 因果関係についての理論からスタートしても、テストでその理論が間違っていることがわかることが多い。それはそれでよい。プロセスの一部だ。失敗を許容し、チームが失敗から学ぶ機会を保証しよう。

4.6　参考文献

　物理的なレバーは問題ごとに異なるので、何ができて何ができないかについての一般的な知識を学べるような参考文献を技術に詳しい同僚に教えてもらうとよいだろう。

　私がここで取り上げた人間的なレバーは、経済学者、心理学者、社会学者といった社会科学者たちが十分に研究を蓄積させている。ビジネス上の意思決定の多くには経済学的な基礎があるので、まずミクロ経済学の入門書を読んでみることをお勧めする。私は、スタンフォード経営大学院のデビッド・クレップス教授による専門的なテーマの一般向けの説明が気に入っている。

　行動経済学の本を読めば、人間の合理的とは言えない選択の背景が理解できる。私が特に気に入っているのは、ダン・アリエリー著『Predictably Irrational』（Harper

Perennial)（邦訳版『予想どおりに不合理：行動経済学が明かす「あなたがそれを選ぶわけ」』早川書房）だが、ダニエル・カーネマン著『Thinking, Fast and Slow』（Farrar, Straus and Giroux）（邦訳版『ファスト＆スロー（上）（下）』早川書房）のほうが無難な選択かもしれない。ダン・アリエリーの本は、業績向上のために効果があるとはとても思えないようなレバーの例を多数示しているという点でお勧めできる。型にとらわれない考え方を身につけたいなら、このような本を読むべきだろう。

　ゲーリー・ベッカー、ケビン・マーフィー共著『Social Economics』(Belknap Press) は、社会的なつながりのもとでの選択についての優れた文献であり続けているが、トーマス・シェリング著『Micromotives and Macrobehavior』(W. W. Norton & Company)（邦訳版『ミクロ動機とマクロ行動』勁草書房）もひらめきに満ちた古典である。社会ネットワークの経済学についての専門的で百科全書的な本としては、マシュー・ジャクソン著『Social and Economic Networks』(Princeton University Press) がある。

　最後に、戦略的行動とゲーム理論も独自のテーマとして取り上げるべきものである。あまり専門的でなく、直感的な理解を与えてくれるような入門書から始めるとよい。アビナッシュ・ディキシット、バリー・ネイルバフ共著『The Art of Strategy』(W. W. Norton & Company)（邦訳版『戦略的思考をどう実践するか エール大学式ゲーム理論の活用法』CCCメディアハウス）やケン・ミンモア著の『Fun and Games』(D. C. Heath & Co.) や『Playing for Real』(Oxford University Press) といった入門書がよいだろう。

5章

アクションから帰結まで：単純化の方法

　私たちが期待する帰結を生み出すかどうかわからない意思決定によってビジネス目標の達成に近づこうとすることについては、すでに何度も言及している。しかし、私たちは何を期待すべきかをどのようにして知るのだろうか。そして、それらのアクションには時間を割いて試してみる価値があるということをどのようにして判断するのだろうか。この章では、分析スキルの中でも特に重要なものについて学ぶ。それは、世界を単純化し、制限付きの問題を解く力である。この力を身につければ、分析的思考の持ち主に少し近づけるだろう。

　図5-1を使うと、この章ではアクションと帰結の間のつながりという因果関係に媒介されるプロセスに注目していく。世界の仕組みについての理論を生み出す能力ということでは人間は傑出しているが、ここはその能力が活用される。しかし、世界は複雑なので、単純化の方法を学ぶことが大切だ。

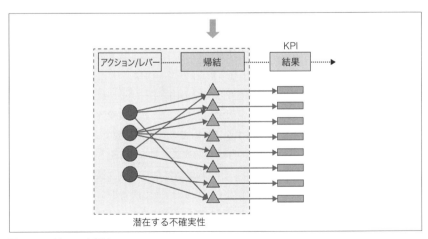

図5-1　アクションから帰結へ

5.1　なぜ単純化が必要か

　新しいビジネス上の問いを解くためにプロジェクトを立ち上げるところを想像してみよう。ビジネス上の問いは、「3章　ビジネス上の良い問いの立て方」の教えに従ってビジネス目標から逆算して立てている。まず、ビジネス上の問いの背後に隠れている動因を見つけ、このレバーを引けばこの帰結が生まれるという理論を打ち立てる。

　しかし、望んでいる帰結を得るために引けるレバーがたくさんあることはよくある。これらのレバーはそれぞれさまざまな帰結を生み出せる。そこで単純化が必要になる（**図5-1**）。

　たとえば、売上を引き上げたいものとする。「4章　アクション、レバー、意思決定」では、現在の価格次第では、値上げや値下げが売上増に効果があることを示した。しかし、顧客の仕事を褒め、よい一日を過ごしてくださいというメールを毎日送っても効果があるだろう。コミュニティマネジャーに指示して、素敵な人々が会社の製品を使っている写真を会社のインスタグラムに投稿してもらうという方法もある。大胆な方法としては、潜在顧客の一部がボリビア旅行を計画しているだろうとふんで、ボリビアのウェブページに広告を載せるというものもある。文字通り無限の可能性がある。世界は複雑であり、これらの方法の一部は顧客の一部で効果を発揮するかもしれないが、効果がまったく見られないものもあるだろう。単純化が必要なのはそのためだ。

5.1.1　1次効果と2次効果

　たとえば、正しい効果の"兆候"や"方向性"を得ることを目的として**1次効果**だけを考えるところから始めるのはよい方法だ。この時点では、成果の曲がり方に影響を与える**2次効果**のことを考えずに済ませられる。

　しかし、こういった効果はどこからやってくるのだろうか。1次効果から始めることを勧めている以上、その探し方を説明すべきだろう。次のコラムが示すように、アクションがどのような帰結を生み出すかについての理論が必要である。その理論は、数学的な形（アクションから帰結への写像を示すことになる）をとってもよいし、物語的な形（x というレバーを引くと y という帰結になるという仮説を立てることになる）をとってもよい。数学的な理論なら、1次効果と2次効果を抽出できる。それよりも緩い形式の理論なら、後知恵を利用してさまざまなレバーに順位をつけていかなければならない。

テイラー級数近似

1次効果、2次効果という言葉がどこに由来しているのかは知っておくべきだろう。x に依存する関数と値 a があるとき、a における2次のテイラー近似は次のようになる。

$$f(x) = f(a) + f'(a)(x-a) + \frac{1}{2}f''(a)(x-a)^2 + Res$$

ここで、ダッシュ付きの関数は、値 a で評価された f の1次（f'）、2次（f''）導関数を示す。Res は近似式からの残差で、高次項によって決まる。

この近似式の中で、1次効果は右辺の第2項で、a からの傾きを（プラスなのかマイナスなのかも含めて）捉えている。$(x-a)$ からの線形な計算になっていることにも注意しよう。2次効果（右辺の第3項）は2次導関数で、曲率を捕らえており、a、$(x-a)$ からどの程度離れているかによって非線形に決まる。

関数 $f()$ は、アクション x と帰結の関係を考える私たちの理論であり、$f(a)$ は世界の現在の状態と考えることができる。反事実の状態 $f(b)$ を評価すれば、帰結がどうなるかを評価できる。

私たちが直面する複雑さの理由の一部は、私たちが高度に非線形な世界に生きていることにある。以前取り上げた価格と売上の関係（**図4-5**）について考えてみよう。Uを上下反転させた形の関数からスタートしなければならない理由がどこにあるのだろうか。価格の上昇とともに売上も増加する線形**増加**関数からスタートしたほうがずっと簡単だ（少なくとも、価格上昇には直接的で1次的な収益上昇効果があることがわかる）。

アインシュタインの"ものごとはできる限り単純なほうがよいが、それ以上に単純にしてはならない"という言葉をわかりやすく展開すると、何らかのデータに部分的にでも適合するもっとも単純な理論か問題についての事前知識からスタートし、必要であればさらに作業を繰り返し、より複雑なモデルを作るということだ。

どこでモデルの複雑化を止めるかについてのいい目安は、標準的な費用便益分析から得られる。もう1段階分析を進めるために必要なコストが、その分析によって得られると期待される効果、利益を越えたらそれ以上分析しないということである。モデルの次のバージョンを得るためにチームに1か月作業させても、会社の売上がごくわずかしか増えないなら、最初からそのイテレーションには踏み込まないほうがよい。

5.2　分析力の鍛錬：フェルミの世界へようこそ

　エンリコ・フェルミはイタリアの物理学者でマンハッタン・プロジェクトのメンバーだった人物である。彼は原子物理学の発展と原子爆弾の発明において重要な役割を果たした。しかし、私のような物理学とは無縁な人間の間では、非常に難しく大規模な問題の近似解を得るための方法を開発した人として知られている。例として、彼の名前が付けられた（ここで彼を取り上げているのとは別の理由で）問題について考えてみよう。いわゆるフェルミのパラドックスである。**数値から考えると**そこまで確率が低い事象ではないのに、地球外生命体が存在する証拠がまだ見つかっていないのはなぜか。見るからに逆説的な性質を持つこの命題を検証するためには、ここで言う"数値"が必要になる[*1]。

　フェルミ問題は、複雑な問題を単純な下位問題に分解するところから始める。厳密に正確な数値を目指すつもりはない。正しい**桁数**がわかればよい。数十万台 (10^5) だということがわかれば、正解が115,000でも897,000でもかまわない[*2]。

　フェルミ問題のよいところは、答えを用意するためにまず前提を単純化して大雑把な概算をすることを要求することによって、私たちの分析力を否応なく鍛えてくれるところだ。では、実際の問題に取り組んでみよう。

5.2.1　この長方形の部屋の床にテニスボールをいくつ並べられるか

　面接でフェルミ問題を尋ねることで有名なIT企業はたくさんある[*3]。そこで、古典的な例から始めることにしよう。**図5-2**のように縦がWで横がLの長方形の部屋にいるとする。この部屋の床にテニスボールをいくつ並べられるだろうか。

　部屋の天井までならどうか。

[*1]　概算値でもよいからこの確率を得るにはどうすればよいか。宇宙に地球のような惑星がいくつあるかを数える必要がある。

[*2]　自分の問題ではこれでは大雑把過ぎるというのなら、目標を調整すればよい。

[*3]　［監訳注］一時期Googleなどで用いられ流行したが、さほど効果が見られないことから現在では採用されていない。

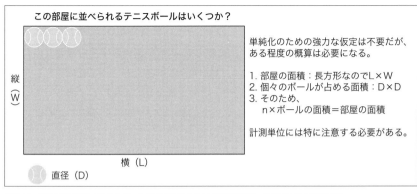

図5-2 部屋の床に並べられるボールの数はいくつかという問題にフェルミの手法を応用する

まず、**図5-2**の左上のように、横1列にボールを何個並べられるかを考えよう。1列分だけを考えているので、意味のある情報を与えてくれない縦の長さ（W）は無視できる。このボールの個数は、おおよそ $n_b = L/D$ となる。その数を越えない整数とすればなおよい[*4]。部屋の横幅が10メートルで、ボールの直径が25センチメートルなら、横に40個のボールを並べられる。あとは、床全体でこの列をいくつ作れるかだ。同じ考え方で答えは $n_r = W/D$ だとわかる。

2つの数を掛け合わせれば、床に敷き詰められるボールの数は、$N = n_b \times n_r = \frac{L \times W}{D^2}$ 、またはこれよりも小さい整数となる。答えとして数値が必要なら、変数の概算値が必要になる。たとえば、テニスボールは5センチから9センチまでの間だったはずだが、間をとって7センチだということにしよう。また、部屋は縦が約2メートル、横が約4メートルなので、1,600個ぐらいのテニスボールを敷き詰められるはずだ。これが正確な数字でないことはわかっているが、概算の数がわかればよい。概算と単純化がフェルミ問題の中核だ。

しかし、今何をしたかを理解するために、使ったテクニック自体に注目しよう。まずもとの問題を2つの比較的単純な問題に分解した。第1の問題は長方形の部屋の横1列に何個のボールが並ぶかであり、第2の問題は縦に何列のボールが並ぶかである。この2つの問題を解ければ、もとのもっと難しい問題を解けるようになる。たぶん、それぞれの面積がわかっていれば、一発で答えがわかるはずだ（**図5-2**の説明の部分を参照）と読者は思っているだろう。しかし、それだと少し複雑になる。部屋の天井

[*4] もちろん、こういった操作をするのはボールが整数個にしかならないからだ。

までボールで埋め尽くすためにはボールが何個必要かを調べたければ、最初の2つと複雑度が同程度の第3の問題（天井まで何個のボールを積めるか）を解けばよい。

r と D をそれぞれボールの半径、直径とし、π を例の数学的定数としたとき、ボールの面積は πr^2 ではなく、$D \times D$ と考えるべきだということに注意しよう。私たちが求めているものは概算値なので、この正確な公式は不要だ。ボールが入る正方形とボールの間のスペースは使えないので、個々のボールは正方形だと仮定してよい[*5]。

私たちにとって単純化が得になることを知るために、**図5-3**のような少し複雑な部屋について考えてみよう。今度はどのように問題を解いたらよいだろうか。1次近似は、全体を矩形として扱うものである。すると、式の中の L の代わりに $L+k$ を使うことを除けば、問題は前と変わらない。

線形の世界は扱いやすい。

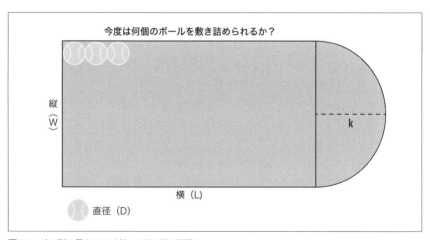

今度は何個のボールを敷き詰められるか？

縦（W）

k

横（L）

直径（D）

図5-3　少し形は異なることを除いて前と同じ問題

この大雑把な概算では落ち着かない気分になるなら、右側の半円部を三角形に置き換えて概算するか、どうしてもというのなら円の面積を使って概算値の精度を上げようとするだろう。しかし、それだけの苦労をした意味が本当にあっただろうか。数字をいじって、答えを考えてみてほしい。

[*5]　スペースにできる限りボールを詰め込むためにボールを切ってもよいなら話は別だ。そうすれば、この空きスペースも使えるようになる。

この問題がわざとらしい感じだということは私もよくわかっている。しかし、これは私たちにとって最初のフェルミ問題の訓練に過ぎないので、大目に見ていただきたい。

5.2.2 メキシコシティのすべての窓を掃除するための料金としていくら請求するか

第2の問題はもっとビジネスに近い感じのものだ。メキシコシティにある**すべての窓**を掃除するとしたら、料金としていくらを請求すればよいだろうか。メキシコシティに行ったことがなければ、そのような額をどのようにして出せばよいのだろうか。地球のように生物が住める星の概数を計算したときのフェルミも、地球以外の宇宙には行ったことがなかった。これはフェルミ問題のよさの一部を示す問題である。

まず、問題を立てるところから始めよう。2つの数値が必要だ。メキシコシティにある窓の数と窓1枚当たりの料金である。この2つの数値を掛け合わせれば答えが出る。

窓1枚当たりいくら請求するかから考えていこう。これ自体が難問だということに注意しよう。昼か夜か、ウィークデーかどうかで機会コストは変わり、その評価も変わるので、料金も変わることになるだろう。しかし、ここでは話を単純化して、料金はみな同じだと仮定しよう（これは線形性を仮定するということである）。

窓1枚当たりいくら請求するか

窓1枚当たりのコスト ＝ 窓1枚にかかる時間（単位時間）× 時間コスト

計算が正しいかどうかを確かめるためには数値の単位をチェックするとよい。この場合の単位は、窓1枚当たりの単価（ドル）でなければならない。そこで、次のようになる。

$$\frac{\$}{窓} = \frac{時間}{窓} \times \frac{\$}{時間}$$

窓1枚当たりの作業時間はどれぐらいになるだろうか。私なら30秒で仕上げられると思う。そして、この時間は一定だと仮定する。これが経験上正しくないことは**わかっている**。最初のうちは20秒で仕上げられるぐらいに仕事が早いかもしれないが、だんだん疲れてきてペースは落ちる。これは、変化の**曲率**に関連する2次効果だということに注意しよう。最初の段階では、こういった変化は無視することにして、窓1

枚当たりの**平均**作業時間は30秒になると仮定する。1時間は3,600秒なので、約0.008時間（10^{-3}）である。

それでは、時間コストはいくらになるだろうか。細かいニュアンスは全部取り除いて、私の年収が100ドルだと仮定すると、1年は52週あり、1週間の労働日は5日で、1日の労働時間は8時間なので、私の**平均**時給はおおよそ $100/(52 \times 5 \times 8)$ になるはずだ。ここでも計算を単純化していることに注意しよう。

単価が片付いたので、今度はメキシコシティの窓の数を概算しよう。ここでは**住宅**の窓の数について考え、その他の窓については読者の宿題とする（**図5-4**参照）。

メキシコシティにある住宅の窓の数の概算

　以前と同じ方法を応用できる。つまり、何らかの**意味のある**数値を掛けて割ると、概算値が得やすくなる。

$$窓 = \frac{窓}{住宅数} \times \frac{住宅数}{人口} \times 人口$$

これらの比率が推定できれば、住宅の窓の数を概算できる。しかし、ちょっと立ち止まってここで何が達成されたのかを考えておこう。これは方程式であり、曖昧さが一切ない数学的な真実である。ただ数値を掛けたり割ったりしているだけだ。これらの比率は、単純化と概算によって埋めていくことができる。

たとえば、平均的な家に窓は何枚あるだろうか。平均的な家には、2つの部屋のほかにリビングと台所があるものとする。この平均的な家の窓の数は10枚ぐらいだろうか。これは普通の部屋で2.5枚、リビングで3枚、台所で2枚という計算である（組み合わせは異なっていてもよい）。もちろん、これよりも窓の数が多い家も少ない家もあるだろう。しかし、私たちは1次式にするための概算をしているのである。そして、私は家1軒当たり 10^1 の位の窓があると推定したのである。

では、第2の比率について考えよう。メキシコシティでは何人に1軒ずつ家があるだろうか。これも私が知らない数値だが、平均的な家に住んでいる人数は4人だと考えることにしよう。すると、1人当たりの住宅数は0.25ということになる。最後に、メキシコシティの人口はどうだろうか。メキシコシティが世界でもっとも人口の多い都市のうちの1つだということは知っている。だから、その人口は2千万人ぐらいだと考えられるだろう（私たちが考えているのは数字が何桁になるかだけだということ

を忘れないようにしよう）。すると、メキシコシティの住宅の窓は、5千万枚ぐらい
だということになる（**図5-4**）。

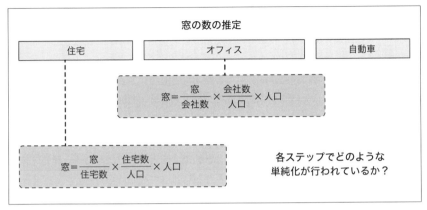

図5-4 メキシコシティに窓は何枚あるか

　フェルミ問題では数値の桁数しか考えないので、かなり大雑把な概算をしており、
入れた数値の中に不適切なものがいくつか含まれているかもしれないことがわかって
いる。この方法の長所は、1つの推定で単純化しすぎたと思えば、後戻りしてその数
字をよいものに変えられるところだ。

　みなさんには、レストラン、自動車、学校に窓は何枚あるかのような、この問題の
変種を考えてみてほしい。どの問題でも、この方法は同じように使えるはずだ。大切
なのは、単純化の方法を身につけることであり、各ステップでさまざまな仮定を設け
ていることを意識することである。

5.2.3　フェルミ問題を使った予備的なビジネス・ケースの作成

　前節の例は、単純化のための仮定や大雑把な概算がどうしても必要な一方で、それ
らを意識し、批判的な見方を持つことも必要とされるという点で、分析力の鍛錬に役
立った。実際、フェルミ問題の練習は毎日すべきだと私は思っている。しかし、みな
さんは練習をしながらほかの役にも立つことはないかと思っているのではないだろう
か。この節では、日常業務のさまざまなビジネスケースを準備するために、フェルミ
的な論理が使えることを示したいと思う。

❑ 連絡先情報を提供してくれた顧客への報酬

多くの企業は顧客の間違った連絡先情報を持っている。作業ミスで間違った情報を入力したり、情報が古くなったり、顧客が最初から正しい情報を提供していなかったりといった理由で間違っているのである。いずれにしても、それらの電話番号やメールアドレスは間違っており、使いものにならない場合さえある。これは単にイライラするだけでなく、無駄なコストを生むこともある。ダイレクトマーケティングキャンペーンは、実際に顧客に連絡が取れることを前提としているからだ。

そこで、正しい連絡先情報をくれた顧客にはどの程度の報酬を提供すればよいかを考えよとCMOから指示されたとする。本当にお金を支払わなくてもよい（支払ってもよいが）。たとえば、連絡先情報を登録してゲームやくじに参加してもらい、勝負に勝った顧客にはパリ旅行を提供することを約束するという方法もある。連絡先情報が正しいかどうかは、顧客にコードを送ることによって確かめられる。いいアイデアだ。

顧客に支払ってもよい上限額の求め方

ポイントは、このキャンペーンにかかるコストと利益の概算値を得ることだ。コストは、個々の顧客に支払ってもよいと思う金額である。この額には p_M という**上限**がある。キャンペーンにかかったコストを顧客単位で回収できなければならない。

利益の側を見ると、私たちが正しい連絡先情報にこだわる最大の理由は、それがセールスチャネルとして機能するからだ。接触したい顧客をランダムに選んだとき、顧客がキャンペーンに参加する確率とそれによる追加利益（ ΔCLV ）を計算する必要がある。知りたいのは、正しい連絡先情報を持っていることの定量化された価値なので、この確率はさらに正しい連絡先情報を持っている確率（ q_c ）と顧客がキャンペーンに参加する確率（ q_a ）に分解される。追加コストと追加利益が等しくなったとき、どういう顧客なら収支が均衡するかがわかる。

$$p_M = q_c \times q_a \times \Delta CLV$$

この問題の経済的な意味について考えてみよう。コストは、個々の顧客に支払うつもりの報酬額であり、これを p_M と呼ぶことにする。しかし、利益は何だろうか。顧客が正しい連絡先情報を教えてくれたら、何が得られると期待しているのだろうか。コンバージョンファネルの大雑把な概算をしてみよう。

会社に登録した100人の顧客のうち、**正しい**連絡先情報を知らせてくれたのが q_c

%だとする。すぐに情報の正しさを否応なしに確認すれば、その割合を100%にすることはできるが、これ以上議論を一般化しようとしても特に得られるものがない。私たちの目的は売上を計上し、個々の顧客の会社にとっての価値を上げることだ。キャンペーンのオファーを送った顧客のうち、q_a %がそのオファーを受けたとする。私たちのビジネス目標にどのような効果があったのだろうか。会社がすることは、どれも会社にとっての顧客の価値を引き上げるために役立つものにしたいところだ。今回のキャンペーンは、平均して個々の顧客の長期的な価値を ΔCLV だけ増やすことになる。

次に、追加コストと追加利益を等号で結んで収支均衡点を探そう。最初の概算としては、顧客当たり**高々** $p_M = q_c \times q_a \times \Delta CLV$ ドルまでの報酬なら問題ない。潜在利益（CLVの変化によって計測される）がもっと高くなると推定されるなら、もっとよい報酬を提供できることに注意しよう。また、最初の概算では関連する2つの確率（連絡先情報が正しい確率とオファーを受け入れる確率）が個々の顧客の潜在利益の影響を受けないことを仮定してよいが、この仮定は強すぎる感じがするのであとで修正を加えたほうがよいことにも注意しよう。これでよい。あとは合理的だと感じられる何らかの数値を当てはめて、答えをCMOのもとに持っていくだけだ。

◙ 過度に接触しようとすると離反率が上がる

我らがCMOはパリ旅行のツアーを買ってキャンペーンを試す予算を本当に持っていたので、私たちの回答を聞いてとても喜んだ。しかし、顧客の連絡先情報の更新があまりにもうまくいって、顧客に接触を図りすぎ、そのために離反率が上がってしまうことが逆に気になってきた。

そこで、CMOはどの顧客に接触するかを決めるために従うべきルールを見つけるように求めてきた。追加コストと費用効果の分析に戻ろう。気になっているのは離反率なので、離反率に p_c という名前を与えよう。顧客がこの会社から離れ、もう二度とこの会社の製品を買わなくなると仮定すると、私たちはその顧客の現在のCLV（CLV_0）を失うことになる。この仮定は極端に感じられるかもしれないが、私たちは計算を単純化しようとしているのであり、実際に**最悪の**シナリオとして想定できることだ。これがマイナス面である。では、プラス面はどうか。顧客がこの会社から離れず、オファーを受けてくれたら、その人の顧客価値を $CLV_1 - CLV_0$ だけ引き上げられる。そうなる確率を q_a と呼ぶことにしよう。

予想されるコストのほうが予想される利益よりも大きい会社は経営がまずいという

のは、経営分析の初歩である。先ほどと同じように、追加費用と追加利益を等号でつなげば、収支が均衡する顧客がどういう人かがわかる。

どの顧客に接触すべきか

　顧客に電話をかけた結果かかるコストが得られる利益よりも大きくなったら、つまり、$p_c \times CLV_0 = q_a \times (\mathrm{CLV}_1 - \mathrm{CLV}_0)$ を越えたら、顧客に電話をかけるわけにはいかなくなる。これは次のように書き換えられる。

$$p_c^{max} = q_a \frac{\Delta CLV}{CLV_0}$$

　これで単純化されているものの顧客に接触するための最適なルールが得られた。これを実際に活用するためにはどうすればよいだろうか。もっとも単純な条件を考えてみよう。確率の推定値として平均離反率とオファー受容率を使うのである（そのため、これらの確率はすべての顧客で同じだと仮定することになる）。収支が均衡する顧客を見つけるためには、個々の顧客について、現在の CLV と比べて今回のオファーによる顧客価値増加分が大きいかどうかを示す数値（$\frac{\Delta CLV}{CLV_0}$）を計算し、その数値を昇順にソートしたリストを作らなければならない。そして、両辺を等号でつなげば、収支が均衡する顧客がわかる（**図5-5**）。

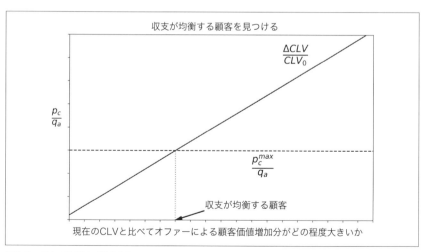

図5-5　収支が均衡する顧客を見つける

この単純化されたシナリオが解けたら、完全にカスタマイズされた最適性ルールを持つような個人別の確率を推定すべきかどうかを考えなければならない。ここでも、非常に単純な公式を解いてから、複雑さの階段をもっと上るかどうかを考えるようにしていることに注意しよう。

◘ そのスタートアップからの誘いを受けるべきか

将来有望なスタートアップ企業からうちに来ないかと誘われたとする。まだ手持ちの現金が少なく、速いペースで売上を伸ばさなければならないことから、スタートアップからのオファーでは、平均よりも給与が低いことが少なくない。その分、株式か譲渡制限付株式ユニット（RSU）が提供されるのである。つまり、スタートアップは、あなたが短期的な流動性（給与）を犠牲にして、中長期的な見返り（将来を楽しみに待つだけの価値があるだろうというあなたの期待に支えられている）を取ることを求めているのである。

問題はRSUには**待機期間**があり、一定期間その会社で働かないと株主権を行使したり株式を売却したりできないことである。たとえば、アメリカではこの待機期間が標準で4年となっている。そのため、今日採用され、**かつ**4年後もその会社で働いていれば、もらったRSUの株主権は完全なものになる（本当に売るつもりなら）[6]。もっとも、株式を売るつもりなら、会社が4年の間に株式市場に上場しているか、他社に買収されていなければならない。そうでなければ、未公開株を売買する市場はないので、上場や買収を待たなければならない。

初歩的な経済分析からすれば、現状よりもよくない限りオファーを受けるべきではない。この場合、考慮すべきその他のこと（たとえば、職場環境の評判、エモーショナルサラリーなど）は、単純化のために分析には入れていない。しかし、オファーの本当の額はいくらになるのだろうか。

もっとよいアイデアを掴むために数式を書いてみよう。あなたの現在の年俸を w としよう。そしてトレードオフを明確にするために、スタートアップからのオファーはそのうちの k という割合、つまり kw しかないものとする。今の仕事を続けていれば、毎年 w の収入がある。それに対し、オファーを受ければ、**決まっていない**期間にわたって毎年 kw しか手にすることができない。そして、オファーには会社の

株式 S 株分のRSUが含まれ、株価は p_S ドルである。RSUには、自分が所有する会社のわずかな部分について権利を行使できるなら、Sp_S の価値があることになる。

スタートアップからのオファーを受けるべきか

　他社からのオファーを受け入れるためのコストは、現在の収入源の正味現在価値（NPV）である。これを I_0 と呼ぶことにしよう。オファーのNPVは、I_1 とする。そして、単純化のために**エモーショナルサラリー**などのほかの関心事を単純化すると、$I_1 > I_0$ が成り立たない限りオファーを受けるべきではない。

　2つの時点（今日と明日）がある問題では、現在の給与のNPVは、$I_0 = w_0 + \frac{w_0}{(1+r)}$ である。ここで、w_0 は現在の給与（一定で間違いなく支払われるものとする）で、r は割引率である。オファーについても同じだが、**明日**になるとRSUの価値（Sp_S）も手に入る。

　すると、次の不等式が成り立つなら、オファーを受けるべきだということになる。

$$w_0 + \frac{w_0}{(1+r)} < w_1 + \frac{w_1 + Sp_S}{(1+r)}$$

　これはNPVを計算しなければならない問題である。株式を自分のものにして現金化できるようになるまで待つという機会コストがかかるので、時間を省略するわけにはいかない。しかし、今日と明日の2つの時点を含むもっとも単純なNPV計算が得られた。そして"明日"の意味はあとで決めることにする。

　現在の職にとどまるNPVは、r を**適正割引率**として、$I_0 = w + \frac{w}{(1+r)}$ である。これは、**今日** w の報酬を手に入れるとして、**明日**同じだけ得るであろう給料の価値はある程度下がって $\frac{w}{(1+r)}$ になるということである。一方、オファーを受けた場合、次の額が得られることが**期待**される。

$$I_1 = kw + \frac{kw}{1+r} + \frac{Sp_S}{1+r}$$

ここで**明日**はRSUに対して株主の権利を行使できるときと定義している。問題を数式化した結果、意思決定ルールは $I_1 > I_0$ が満たされるときに限り、オファーを受け入れるというものになった。

　この数学的操作により、意思決定を次の段階に進め、オファーの一部として現在の給与、新しい給与、株数（S）、現在の推定株価（p_S）を今までよりもうまく組み込めるようになったが、まだ市場がなく、価格情報はおそらくリクルーターから直接聞

いたものなので、推定株価はダブルチェックしたほうがよい。

意思決定するためには、割引率 r の値を決めなければならない。これはその会社が株式市場に上場するまで何**年**（T）かかると考えているかによって決まる。4年以内に上場すると思うなら $T = 4$ である（待機期間のことを思い出そう）。もっと時間がかかると思うなら、$T > 4$ である[*7]。r と T の間には、適切な答えを得るために役立つ好都合な関係がある。

ポイントは、信頼できる年間割引率 i を用意し、複利計算することだ。もっとも保守的な割引率は一般にインフレ率なので、ここからスタートすればよい。すると、$(1+i)^T = (1+r)$ となる。私たちの未知の割引率（割引率と年数の関数）は、$r(i, T) = (1+i)^T - 1$ となる。これですべてを計算できるようになる。そして、一部の変数を操作して感度分析を行えば、オファーを受けてよいかどうかを判断できる。たとえば、自分が受け入れられる最低限の給与を明らかにした上で、提供されるRSUの数を交渉すればよいだろう。

5.3　3章のユースケースへの応用

ここでは3章のユースケースを再び取り上げ、個々の処方的問題に取り組むためにどの程度の単純化が必要になるかを考えていこう。

5.3.1　顧客離反

顧客離反で難しいのは、レバーとして使えそうなものが複数あることだ。値下げ、離れそうな顧客との頻繁で効果的で戦略的なコミュニケーション、品質向上のための新製品開発などである。これらのレバーは、顧客が私たちの会社の製品を買う理由についての理論がどの程度正しいかに応じて効果を発揮する。そして、理論の正しさは、単純化のために設けた仮定によって左右される。

たとえば、値引きというレバーについて考えてみよう。仮説は、ときどき値下げすれば、顧客は会社の製品を買い続けるというものである。この場合、需要の法則というミクロ経済学の初歩的な理論に訴えることになるが、この法則には、法則という言葉から感じられるほどの絶対性はない。

たとえば、次のような場合について考えてみよう。離反防止戦略が教える通りに値

[*7]　つまり、上場までに $T*$ 年かかるとして、$T = max\{4, T*\}$ である。会社のニュースをよく読んで情報をしっかりつかむようにしなければならない。

下げしたが、多くの顧客が価格は品質を反映したものだと考えていたとする。すると、一部の顧客は値下げによって品質が下がったと考え、競合他社の製品を買うようになる。この話には、価格が製品の品質を反映したものだと見なされることと、一部の顧客は自分が求める品質を得るために高いものを買うということの2つの仮定が含まれている。

つまり、私たちは同じレバー（短期間の値引き）について結論が逆になる2つの競合する理論を持っていることになる。第2の仮説に従えば、顧客は離れていく。これはどう考えたらよいのだろうか。

私なら、状況次第でどちらもあると答える。実際、純粋に値引きになったものを買い漁る人にも、品質のためなら高いものを喜んで買うという人にも会ったことがる。しかし私なら、需要の法則から生じる1次効果は平均的な顧客に影響する一方、後者の効果は分布の中心を外れた顧客だけに影響する例外的なものだと答えるだろう。

もちろん、これは理論を立てたということに過ぎない。実験の場に引き出して、しっかりとしたA/Bテストを実行する必要がある。しかし、少なくとももっとも直接的なレバーは引けるようになるだろう。

5.3.2　クロスセル

顧客生涯価値（CLV）を最大限に引き上げることが目的だとして、顧客に勧めるべきネクストベストオファーは何だろうか。完全なパーソナライゼーションに成功した最良のシナリオについて考えてみよう。それは**正しい**顧客に**正しい**タイミング、**正しい**コミュニケーション、**正しい**価格で**正しい**商品を提案したときだ。これらの**正しい**はひとつひとつが私たちにとってのレバーである。商品、タイミング、価格、コミュニケーション、顧客の選択は、すべてクロスセルを成功させるための意思決定である

しかし、これらの"正しい"は、それぞれ顧客にとって"正しい"ということだ。たとえば、"正しい"商品を勧めるという第1の自然なレバーについて考えてみよう。私たちは、顧客がその前に買ったものから考えれば、その顧客にとって正しい別の商品があるはずだという仮説を立てている。しかし、この仮説は正しいのだろうか。少なくとも私たちの商品メニューにはそういうものはないということは十分あり得る。それが真実だ。

ほかのレバー（コミュニケーション、タイミング、価格）の組み合わせが正しければ、**あらゆる**顧客が**どのような**商品でも買うという理論を立てることもできる。しかし、

どのようなレバーの組み合わせを選んだとしても私たちの商品を絶対に買わない顧客もいれば、そこまで冷たくない顧客もいるだろう。もっとも、「4章　アクション、レバー、意思決定」で行動経済学のことを学んでいるので、顧客の判断を私たちの都合のよい方向にフレーミングするために、コミュニケーション、価格、タイミングが利用できることはわかっている。

　いずれにしても、レバーを引くために、それぞれの理論で単純化のための仮定を使ってきたことがわかるだろう。私たちがまだ取り上げていないが広く使われている単純化のための仮定として、すべての顧客は同じだというものがある。この仮定を立てると、顧客ごとの違いを無視して**平均的な**顧客のことだけを考えられるようになる。少なくとも1次効果まではこの仮説からスタートしてよい。しかし、理論のテストまで進めば、予想外の行動を取る顧客がいることをはっきりと示すエビデンスが現れるだろう。

5.3.3　CAPEXの最適化

　CAPEXの最適化という問題は、最初からレバーが決まっている（どこにどの程度の投資をするか）ので、必要なのは、このレバーがビジネス目標にどのような影響を与えるかについての理論だ。この問題に対する一般性の高い答えはないので、ケースバイケースで考えていくしかない。

　しかし、私はさまざまなシナリオで多少なりとも役に立つ可能性のある理論を提案したいと思う。売上に影響を与えるものを純粋な価格（ P ）と純粋な販売数量（ Q ）、またはその両方に制限したとき、CAPEXは売上に $R = P \times Q$ という影響を及ぼすと仮定するのである。

◻ 価格への効果

　投資により、会社は従来よりも購買意欲が高い顧客を引きつけられると仮定する。設備や顧客体験を向上させることを目的とした投資では、この仮説の妥当性が示しやすくなるだろう。ここで、資本配分が価格に直接与える影響についての私たちの理論を数学的に表現する $g_P(x)$ という値を導入しよう。これは、今期の資本 x によってプラスにもマイナスにもなる成長率である。すると、顧客が買う気になる平均的な価格は、資本配分の規模によって左右される（ $R = P(1 + g_P(x)) \times Q$ ）。

◘ 販売数量への効果

　価格は据え置いて、高い品質や体験価値の商品を提供すれば、販売数は上がる（ $R = P \times Q(1 + g_Q(x))$ ）。先ほどと同じように、関数 $g_Q(x)$ は、資本の配分と売上を結びつける私たちの理論を数学的に表現したものだが、今度は販売数量に与える影響である。

　投資が売上に与える影響についての2つの異なる理論を用意できた。言うまでもなく、ユースケースによってどちらかが正しい場合もあるが、どちらも正しくない場合もある。そこで、もっと適切な理論を用意しなければならなくなるだろう。たとえば、投資が売上ではなくコストに影響を与えるというものなどである。

　私たちの理論では、実際に効果を発揮するものについての具体性が乏しいことに注意しよう。しかし、少なくとも実際にありそうなストーリーは示せたはずだ。このレベルでは、これがもっとも重要な単純化された仮定である。2つのシナリオのそれぞれで実際の成長関数をどう模式化するかについての仮定をおくと、批判的に吟味すべき他の強力な仮定を考えることもできる。

5.3.4　出店先の選定

　出店先の選定というユースケースも、それが問題になっているので、レバーは最初から決まっている。具体的には、私たちのレバーは位置の選択であり、利益という形で表現される業績と出店先を結びつける理論が必要になる。

　もっとも自然な理論は、会社の製品の需要がある地域に店を開けば売上が上がるというものである。考えられる効果は、価格効果（対象となるバリューセグメントの価格の上下。購買意欲の高さによって決まる）と販売数量への効果である。コストのほうはどうだろうか。賃借料や水道光熱費も、地域によって系統的な形で差がある。ほかの企業も同じように考えるとするなら、多くの潜在顧客を引きつけられる場所（たとえばショッピングモール）の需要は高くなる。

　このレベルでは、ほかの間接的な影響を置いておいて、出店先と売上、賃料、水道光熱費との直接的な関係を考えることが主な単純化の前提となる。たとえば、既存の店の近くに出店すると、売上が共食い状態になるだろう。この効果を考慮しないということはある程度の危険を伴う。効果がどのようなタイミングで起きるかも重要な要素だ。店を開いたとして、私たちの理論が示す利益の流れが生まれるまでどれだけの時間がかかるのだろうか。競合他社はどのように反応するか。最初は問題のない仮定だと思ったものにさまざまな仮定が隠れていることに気づく場合もある。

5.3.5　延滞率

　これは、問題を単純化するときに直面するトレードオフをよく示してくれるユース
ケースだ。一般に、単純化とは、問題のあまり重要に感じられない側面を犠牲にして
扱いやすさを手に入れることである。1次、2次効果に集中することにより、ビジネ
ス上の意思決定に有意な影響を与える問題を解けるようにしようということだ。

　延滞率問題の場合、自然に考えられるレバーが3つあることはすでに述べた。貸付
額 L、利率 i、貸付期間 T である。

　もっとも一般的な問題を立てるところから始めよう。私たちの目的は最大限の利益
を出すことである。利益は常に売上とコストの差である。これらはそれぞれレバーに
よって変わる。

$$利益\,(L, i, T) = R(L, i, T) - C(L, i, T)$$

　これは売上とコストに対する効果もモデリングできるもっとも一般的な形式であ
る[*8]。問題のこの単純な記述にたどり着くために、**すべての**細部（主体が銀行か、個
人か、大規模量販店かなど）を取り除いていることに注意しよう。

　大きなばらつきのある十分な量のデータがあれば、原理的にはこの問題は付録で説
明するような教師あり学習アルゴリズムを使って解ける。なぜばらつきが必要なのだ
ろうか。私たちは問題に構造を与えていない（2つの規定されていない関数があるだ
けだ）ので、データだけであとの問題を解かなければならないのだ。

　しかし、データに求めるものが大きすぎるので、さらに単純化を進めるべきだろう。
たとえば、利率の最適化だけを考えているものとすれば、ほかの2つのレバーは固定
して、利率を変えることによって利益がどのように変わるかを見てみればよい。

$$利益\,(i) = R(i) - C(i)$$

　経理部がすでにローン関係の利益、売上、コストを計算しているという前提で、
データドリブンの解法を進めよう。すると、**図5-6**の左のグラフのように、利率に利
益がどのように対応しているかを示すきれいな利益関数が得られる。個々のドット
は、貸付額と貸付期間が同じ仮想的なローンに対応している。データから明らかに
なった関係を示す実線も描いてある。私たちが幸運に恵まれていることに注意しよ
う。推定利益関数は、きれいな逆U字曲線になっている。**最大化**問題を解くときに

[*8]　この等式の左辺だけを取って、売上とコストを完全に無視してもよい。

はこの形が望ましい。それでは私たちの最適化問題を解こう。それは利益が最大になるところに利率を設定するということであり、10%前後ということになる。

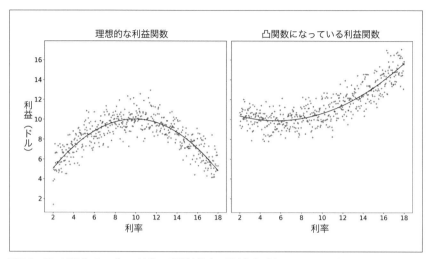

理想的な利益関数　　　　　凸関数になっている利益関数

利益（ドル）

利率　　　　　　　　　利率

図5-6　データドリブンのアプローチを使って利益を推定、最適化するときの2つのシナリオ

　しかし、問題に構造が組み込まれていないので、利益関数が右のグラフのような形になることも十分にあり得る。数値的な手法を使ったときには、間違って6%近辺の最小点に注目し、それが利率としてもっともよいと誤解してしまうリスクがある。右のパネルの場合、最良の利率は18%よりもさらに上ということになる。

　ここでは、単純化しすぎるとビジネスという観点からは無意味な結果が生まれ、会社を傷つける羽目になることがあることを覚えておこう。この例では私たちは単純化しすぎであり、問題にある程度の構造を組み込む必要がある。もっともよい方法は、状況に対する理解に基づき、問題をより正確に定式化することだ。

　貸付額と貸付期間は固定し、顧客に今日100ドルを貸し付け、明日返済を受ける場合について考える。完済されれば、私たちは明日元本と利息から成る売上を得ることになる。そのためには、貸付の資金を確保するためのコストを負担しなければならない。そこで、貸付の利率よりも低いリスクフリーな i_s という利率がかかるものとす

る[*9]。この場合、顧客が貸付を返済すれば、金利マージンが利益になる。

$$利益\ (i) = 100(1+i) - 100(1+i_s) = 100(i - i_s)$$

これは延滞のユースケースなのでその可能性を考慮に入れたほうがよい。成果が2種類しかないもっとも単純な条件について考えてみよう。1つはローン利用者が完済する場合で、その確率を p_p とする。もう1つは債務不履行になる場合で、私たちはそのうちの k を回収し、回収のためにコスト（$c(k)$。k に比例して大きくなる）がかかる。延滞になる確率は $p_s = 1 - p_p$ である。ローン利用者が貸付を返済するかどうかを決める**前**に確実な額として回収コストを計算に入れていることに注意しよう。

すると、期待利益は次のようになる。

$$利益\ (i) = \underbrace{p_p 100(1+i) + (1-p_p)k100(1+i)}_{期待収益} - \underbrace{100(1+i_s) - (1-p_p)c(k)}_{期待費用}$$

この最後の式によってある程度のリアリズムが得られたが、まだまだ不十分だということは明らかだ。なにしろ、これでは利率の上昇にともない、利益の期待値も**上がってしまう**（この式ではコストは利率の影響を受けない）。この問題には、利率に比例して延滞率か回収コスト $c(k,i)$ が**上がる**と仮定して対処することができる。どちらの仮定でも、利率が上がれば期待収益が上がるが、期待費用も上がるという当然予想されるトレードオフが式に組み込まれる。

先に進む前に、問題の中に構造を組み込むことによって、期待収益と期待費用、ひいては期待利益を推定できるようになったことに注意しよう。これで利率の最適化の現実性が見えてきたわけだ。手持ちのデータがどこに当てはまるかを知りたければ、この式を使って顧客が債務不履行になる確率か集合的な費用関数を推定すればよい。

5.3.6　在庫の適正化

「3章　ビジネス上の良い問いの立て方」で説明したように、在庫適正化問題の1次効果は、各期ごとに直面する需要の不確実性、生産/発注コスト、輸送コスト、在庫コストによって得られる。

[*9]　銀行は低金利の借り入れである預金を集め、それよりも高い金利で融資してマージンを得ている。あなたの会社は、たとえ**借り入れ**をしていなくても、これらの資金を別の投資機会に投入することができたはずだということから機会コストが生じていると考えることができる。

　ここでは、単純化の価値を示すだけに留めたい。具体的には、単純化のためのさまざまな仮定が問題に対する理解を深めることを示したい。まず、不確実性とコストをすべて無視するところから始めよう。毎日の需要はわかっているので、翌日必要になる分だけ在庫があればよい（輸送コストもないものとしている）。しかし、在庫コストも考えないので、翌月に必要な分を先に買っておいてもよい。

　逆にこれらのコストを計算に入れると、考えなければならない重要なトレードオフがあることがわかる。在庫コストと比べて輸送コストが高い場合には、数日分の過剰在庫を抱えたほうがよい。逆なら、1日に何度も在庫を補充することを検討したほうがよい。単純化のための仮定を設けるたびに重要なニュアンスが加わることがわかるはずだ。1度に1つずつ仮定を外していくと1次効果についての新しい理解が得られる。

5.3.7　店舗の人員

　「3章　ビジネス上の良い問いの立て方」でも言ったように、この問題は適正在庫の問題と考え方としては似ているところがある。人員過剰なら、生産性が上がるわけではないのに人件費が余分にかかる。人員過少なら販売数が下がるだろうし、顧客満足度が下がるだろう。顧客満足度の低下は、何らかの確率で離反率を引き揚げ、将来の販売数を低下させるだろう。

　しかし、この章は単純化の価値を知るための章なので、時間帯ごとに個々の店舗にどれだけの顧客が来店するかが確実にわかっているものとしてこの問題を考えてみよう。まず、顧客の平均待ち時間を知るという問題を解くことができる。

　この高度に単純化された問題を解いたら、一歩ずつ前進して確実だとしていた仮定を緩めていける**が**、不確実性をともなう問題を解くために顧客が店を出入りするペースについては強い仮定を維持する。

　この作業が終わったら、待ち時間と顧客満足度を対応付け、再び単純化のための仮定を設ける。対応付けの理論は待ち時間が短ければ満足度が**上がる**というもので、最初は線形性を仮定する。あるいは、待ち時間と離反率上昇の可能性を結びつけて考えれば、ビジネス目標（利益）に直接影響を与えられる。

　ここでは、ビジネス目標に影響を及ぼすアクションとその帰結を結びつけるためには理論が必要だということと、具体的な問題を解くために単純化のための仮定が果たす役割を示すことだけを目指した。「7章　最適化」では、可能なソリューションの1つを示す。

5.4　この章の重要な論点

- **私たちは意思決定によってビジネス目標の達成を目指す**。分析的思考の持ち主として、ビジネス目標の達成のために取れるアクション、引けるレバーを見つけ出し、テストし、それらの数を増やすことが私たちの使命だ。

- **しかし、意思決定は間接的に業績を変えられるだけだ**。効果的な意思決定のためには介在する要因（人間的なものと技術的なもの）を理解する必要がある。

- **アクションと帰結は因果関係によって結び付けられている**。アクションが帰結を生み出す因果効果を理解することがきわめて重要だ。有効な理解を得るためには、効果を因果関係として解釈するときに陥る恐れのある罠のことも覚えておかなければならない。

- **私たちは人間としてものごとの仕組みについての理論を組み立てる大きな能力を持っている**。この能力は、A/Bテストで効果を調べられる新しいレバーを提案するために必要不可欠だ。

- **世界は複雑であり、単純化することを学ぶ必要がある**。アクションと帰結を結びつける理論を作るときには、個々の問題が抱える微妙なニュアンスを取り除いて単純化することが必要不可欠になる。1次効果だけに専念できれば理想的だが、どれが1次効果なのかを最初の時点で知るのは難しい。ドメイン知識には価値があるが、型にとらわれずに新しい理論を提案できる力も大切だ。

5.5　参考文献

　フェルミ問題を解いて分析力を鍛えたいと思うなら、ローレンス・ワインシュタイン、ジョン・A・アダム共著『Guesstimation: Solving the World's Problems on the Back of a Cocktail Napkin』（Princeton University Press）（邦訳版『サイエンス脳のためのフェルミ推定力養成ドリル』日経BP）やサンジョイ・マハジャン著『Street-Fighting Mathematics: The Art of Educated Guessing and Opportunistic Problem Solving』（MIT Press）（邦訳版『掟破りの数学：手強い問題の解き方教えます』共立出版）が役に立つだろう。ウィリアム・パウンドストーン著『Are You Smart Enough to Work at Google?』（Little, Brown Spark）は、同じ目標のために役立つ問題例をたくさん提供しており、その一部はフェルミ問題である。

　私が知る限り、単純化の方法を教えてくれる一般書はない。しかし、このスキルは

ほかの人が作ったモデルを研究してから自分で身につけようと努力しない限り伸びない。前半部分については、社会科学で使われているさまざまなモデルを見せてくれるスコット・E・ペイジ著『The Model Thinker: What You Need to Know to Make Data Work for You』（Basic Books）（邦訳版『多モデル思考：データを知恵に変える24の数理モデル』森北出版）が役に立つだろう。

在庫管理、在庫理論に関心があるなら、オペレーションズリサーチや制御理論の入門書を読むとよい（後者は不確実性をともなう応用のために）。フレデリック・S・ヒラーほか著『Introduction to Operations Research』（McGraw-Hill Higher Education）の第19章は、不確実性がある場合とない場合の両方における在庫理論の入門として優れている。

6 章

不確実性

　ベンジャミン・フランクリンは、"この世で確実なものは死と税金だけだ"と言ったことでよく引き合いに出される。私なら、当たり前のことを言っているだけだと言われても、"人生で確実なものは不確実性だけだ"と言いたいところだ。この章で見ていくように、私たちは単純化の方法を身につけなければならないだけでなく、不確実性がどこからやってくるのか、アクションの帰結がはっきりわからない中で意思決定するためにはどうすべきかを知るために最大限の努力をしなければならない（**図6-1**）。

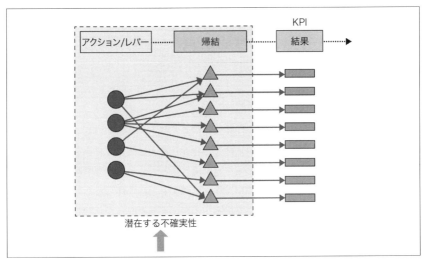

図6-1　根っこにある不確実性を理解する

　この章でもっとも大切なのは、不確実性をともなう意思決定では、ビジネスインパクト（結果）の数学的期待値の最大化を追求することになるということを学ぶことだ。

117

そのため、期待値の計算が苦にならないように、確率理論の素養をしっかりと身につけるところから始めなければならない。この章では、不確実性のもとでの意思決定についての理論の初歩にも踏み込む。そして、最後に私たちのユースケースにこのツールキットを応用する。

6.1　不確実性はどこからやってくるのか

不確実性は、私たちに知らないことがあることを反映している。科学では、不確実性や無作為性は、ある現象の**原因**についての知識がないことと結びつけられるのが普通だ。では、不確実性はどこからやってくるのだろうか。それについてはすでに「2章　分析的思考入門」で触れているので、その内容を要約しておこう。

多くの場合、不確実性の源は、私たちのアクションや私たちが観察する現象の原因または帰結について文字通り**知らない**ことを反映している。しかし、不確実性は、目の前の問題に対する1次的でない複雑性を**単純化**して取り除くことの必要性の副産物だという場合もある。普通なら、効果の方向性や兆候についてかなり自信をもって予測できるが（需要の法則のことを思い浮かべよう）、**異種的な**集団の中で異なる力がどのように作用するかがわからなくなる場合もある。最後に、単純で決定論的な規則に従っていても**複雑な**行動や社会的交渉から不確実性が生まれることもある。

もちろん、このリストは網羅的なものではない。しかし、不確実な事象の大半は、このカテゴリのどれかに分類できる。

6.2　不確実性の定量化

私たちはみな、不確実な事象を定性的に比較する能力を持っている。たとえば、経験とある程度のエビデンスから、明日は**どちらかと言えば**雨に**なりそう**だと言うことができる。しかし、この定性的な比較を定量的にするためにはどうすればよいのだろうか。確率理論は、まさに不確実性を操作、処理するために作られたものだ。ここでは、確率理論を簡単、単純にまとめて説明するが、もっとしっかりとした説明を読みたい方は、章末の参考文献を見ていただきたい。

私たちが目指していることは、アクションが起こす不確実な帰結について、それぞれの確率を定量化することである。いくつか例を挙げてみよう。顧客離反率の低減化では、顧客に離反を防ぐための優待価格をオファーするというアクションを起こせるが、その顧客が留まっていてくれるか離れてしまうかはわからない。この場合、本当

にわからないことが2つある。その顧客は優待サービスがなければ本当に離れていってしまいそうなのか。優待サービスは離反の確率に影響を与えられるのか（与えられるならどのようにして）。

デートの場合はどうだろうか。今夜、紹介された初対面の相手とデートするために出かけるべきだろうか。この場合、アクションは出かけるかどうかだ。この選択には不確実性がたくさん含まれているが、はっきりとした目的（今後もデートし続けるかもしれない特別な誰かと会う）があるので、その目的から見てデートが**成功する**確率だけに問題を絞って確率を考えればよい。すると、最初からはっきりしていることが1つある。**もし**出かけないことにすれば、すばらしい人と会う確率はゼロだということだ。

話を単純にするために、アクションが満足できる帰結を迎えるかそうでないかという成果が2種類の問題だけを考えることにしよう[*1]。中間はなく、2つの成果は排反である。つまり、どちらか片方だけが起きる。アクションが**満足できる**帰結を生む確率を $p(S)$ と書くことにしよう。アクションに依存する確率を考える場合もあるが、それは $p(S|a)$ と書き、アクション a を取った**場合**、成果が成功する確率と読む。一般に、確率関数には次の2つの性質がある。

- $0 \leq p(S) \leq 1$
  これは、確率が0以上1以下の数値になるということである。0はその事象が発生**しない**ことが確実にわかっていることを示し、1は逆の極端を示す。

- $p(S) + p(\text{not } S) = 1$
  成果が2種類しかない世界では、事象は排反であり、2つの確率を加えればかならず1になる。言い換えれば、失敗（成功でないこと）の確率を1マイナス成功確率と表現することができる。

さしあたりはこの2つの性質を知っていれば十分だが、起き得る成果が多数で、そのうちの一部が排反でないときには、より一般的な性質があることに注意しよう。第2の性質は加法定理と言われているものだが、確率理論には**乗法**定理もある。乗法定理を使うと何よりよいのが、確率の推定値を更新できるようになる（ベイズの定理）。

[*1] 本書で取り上げているビジネスの例の大半では、満足できる成果は、起きてほしい成果だけである。

ベイズの定理

　ベイズの定理は、新しいエビデンスが現れたときに確率がどのように更新されるかを記述する。 $p(A|B)$ は、 B が観察されたという条件のもとで A が発生する確率だということを思い出そう。ベイズの定理は、次のことが成り立つとする。

$$p(A|B) = \frac{p(B|A)p(A)}{p(B)}$$

　ここで、 A, B は不確実な成果（確率論の専門用語では事象という）である。そして、 $p(A)$ と $p(A|B)$ は、それぞれ事象 A が起きる前の事前確率と起きたあとの事後確率である。

　ベイズの定理は、新しいエビデンスのもとで確率を更新するために広く使われている。予測したい不確実な成果についての事前の考え（ A ）からスタートし、ほかの事象に関するエビデンス B を観察する。ベイズの定理を使えば、事前確率と条件付き確率を使って考えを精密に更新できる。

6.2.1　期待値

　私がコイントスをして表が出たらあなたは10ドルの勝ち、裏が出たら10ドルの負けというギャンブルをするものとしよう。すると決めたとき、このギャンブルから得られる価値をどのように評価すればよいだろうか。定式的には、不確実な成果によって2つの値を取る**確率変数** X を定義する。 X は表になったときには10、裏になったときには -10 になる。

　確率変数は、不確実な成果の集合の各要素（私たちの例の場合は表と裏）を数値（私たちの例の場合は10と -10 ）に写像する数学的関数だということに注意しよう。起き得る成果が5種類（または10種類、または無限）あってそれぞれに発生する確率が与えられているとき、確率変数は、5種類（または10種類、または無限）の成果のそれぞれに数値を与える。また、これは数学的関数なので、個々の成果は1つの数値に決まらなければならない。しかし、複数の結果が同じ数値になることは認められる。極端な場合（定数関数）には、すべての成果が同じ数値になる。確率変数を使えば、無作為な成果を数値に変換できる。私たちは数値の扱い方を知っているので、これはとても便利だ。

　私たちのギャンブルの場合、コインが表になるか裏になるかがわからないところに不確実性があり、そのため賞金がいくらになるかがわからない。しかし、確率による

重みを付けた賞金の平均をギャンブルの**期待値**と定義することができる。

$$E(賞金) = p(裏) \times (-10) + p(表) \times 10$$

私たちのコインが公正なら（表と裏がそれぞれ50%の確率で出るなら）、期待値は $0.5 \times -10 + 0.5 \times 10 = 0$ である。**図6-2**は、コイントスで表が出る確率を変えたときの期待値を示している。賞金が確率とともに**線形**に変化することに注意しよう。これはとても好都合な性質で、応用するときに役に立つ。表が出ることが確実なら、期待値は10ドル全部になる。逆なら、コインはかならず裏になり、確実に10ドル損することになる。

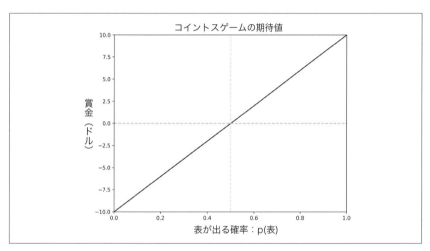

図6-2 コイントスゲームで表が出る確率を変えたときの期待賞金

期待値の計算方法

一般に、確率変数が N 種類の値、$x_1, x_2, \cdots, x_N$ を取り、それぞれの確率が $p_1, p_2, \cdots, p_N$ なら（先ほど示した第2の性質から、これらの合計は1にならなければならない）、期待値は次のように定義される。

$$E(x) = p_1 x_1 + p_2 x_2 + \cdots + p_N x_N$$

この式は少し単純化されている。成果が無限個ある場合（専門用語では、非加算無限と呼ぶ）には、積分を使って期待値を定義する必要がある。

◻ 高速道路建設契約のための入札

例を変えよう。あなたの会社が州間高速道路（複数の州をまたぐ高速道路）を建設するための新規の公開入札に参加することを検討しているものとする。入札に参加したい企業は、1万ドルの入札参加費を支払わなければならない。財務部の試算によると、契約を落札すれば、会社の長期的な利益は100万ドル増える。徹底的な検討の結果、チームのデータサイエンティストたちは、契約獲得の確率は80%だと推定した。入札に参加することにした場合の**期待利益**を計算してみよう。

$$E(利益) = 0.8 \times \$1\text{M} + 0.2 \times \$0 - \$10\text{K} = \$790\text{K}$$

入札参加費は会社が契約を勝ち取るかどうかに**かかわらず**支払わなければならないことに注意しよう。そのため、期待値の計算では常にマイナスになる。不確実な数字は、契約を勝ち取ったときとそうでないときの予想される長期利益だけである。また、期待値が検討対象の確率変数と同じ単位になっていることに注意しよう。この場合、期待値は790K ドル、すなわち79万ドルである。入札に参加すべきだろうか。

◻ 期待値の解釈のしかた

期待値はどのように解釈すべきだろうか。**頻度主義**の考え方に従うなら、1つの実験は同じ条件のもとで**何度も**実行される中の1つである。コイントスの場合、賭けを無限に繰り返すと、期待値は長期的な賞金総額の（単純）算術平均になる。勝ったとき（長期に賭けをすれば約50%は勝ちになる）には賞金総額に10ドルを加え、負けたときには賞金総額から10ドルを引く。単純平均は、賞金総額を賭けに参加した回数で割れば得られる。

図6-3は、すぐあとのコード（**例6-1**）を使ってこのギャンブルを1,000回実行して得られた結果の例を示している。左のグラフは時間とともに賞金総額がどのように変化していったかを示している。この例の場合、ギャンブラーは最初のうちに連敗し、少なくとも1,000回賭けを繰り返した段階ではまだその分を回復できていない[*2]。右のグラフは賞金の平均額を示したもので、比較的早い段階で0ドルという期待値に収束することがわかる。

[*2] この例は酔っ払いの1次元ランダムウォークと呼ばれているもので、ギャンブラーが**無限回**賭けを実行すれば負けを取り戻せることが証明できる。

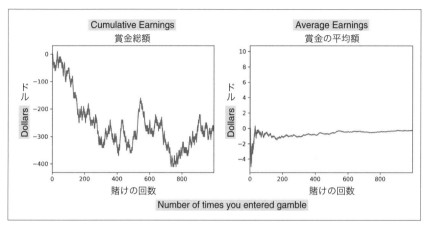

図6-3 コイントスを1,000回繰り返した結果

例6-1 長期的な賞金の平均としての期待値

```
import numpy as np
import pandas as pd
np.random.seed(1005)
# 初期化
N = 1000
total_earnings = pd.DataFrame(index= np.arange(N),columns = ['earnings'])
for i in range(N):
    # 一様分布からのドロー
    draw = np.random.rand()
    # p>=0.5なら表
    if draw>=0.5:
        curr_earn = 10
    else:
        curr_earn = -10
    total_earnings.earnings.loc[i] = curr_earn

# 総額と平均の計算
total_earnings['cumulative_earnings'] = total_earnings.earnings.cumsum()
total_earnings['trials'] = np.arange(1,N+1)
total_earnings['avg_earnings'] = (total_earnings.cumulative_earnings /
                                    total_earnings.trials)
```

```
# グラフの出力
fig, ax = plt.subplots(1,2, figsize=(10,4))
total_earnings.cumulative_earnings.plot(ax=ax[0])
ax[0].set_title('Cumulative Earnings', fontsize=14)
ax[1].set_title('Average Earnings', fontsize=14)
ax[0].set_ylabel('Dollars', fontsize=14)
ax[1].set_ylabel('Dollars', fontsize=14)
ax[0].set_xlabel('Number of times you entered gamble', fontsize=14)
ax[1].set_xlabel('Number of times you entered gamble', fontsize=14)
total_earnings.avg_earnings.plot(ax=ax[1])
plt.tight_layout()
```

　頻度主義（賭けを無限に繰り返したときの出現頻度として確率を考えるところから
そう呼ばれている）の解釈は単純だが、問題をはらんでいる。賭けが1度しかないこ
とがわかっている場合、何度も繰り返すことを考えてどういう意味があるのだろう
か。公開入札の場合、入札の条件**自体**からして、何度も試すことなど想像もできない。
ベイズ主義派は、無限回の反復という解釈が不自然な状況がたくさんあることを指摘
している。そのような場合、人は長期的な出現頻度とは異なる確率を考えるというの
である。そのような場合、主観的確率が不確実性の度合いを定量化する。主観的確率
は人なら誰もが持つものであり、それゆえ人によって一致しない場合がある。

ベイズ主義と頻度主義
本文でも触れたように、確率には伝統的な頻度論派とベイズ派の2種類の考
え方がある。20世紀には、確率の解釈方法をめぐって両派の間で激しい論
争が繰り広げられた。大雑把に言って、頻度論派は確率を長期的な出現頻
度と考えるのに対し、ベイズ派は確率を不確実性の主観的な評価と考える。
後者を**ベイズ派**、**ベイジアン**と呼ぶのは、人々は事前の主観的確率からス
タートし、新しいエビデンスが得られるとベイズの定理に従ってその事前
確率を修正すると考えるからである。

6.3　不確実性のない意思決定

　不確実性をともなう意思決定は難しいが、それはまず確率理論をマスターしなけれ
ばならないからだ。難問を前にしたときにはいつでも、簡単なところから始めるとよ
い。不確実性をすべて取り除くのである。問題に関係のあるすべてのことがわかって

いたら、私たちはどれを選ぶだろうか。このような考え方をすると、そもそも引けば目標を達成できるようなレバーがあるかどうかを始めとして、多くのことがはっきりしやすくなる。

まず、**図6-4**の問題をどう判断するかから考えてみよう。私たちはできる限り売上を引き上げたい。そして2つのアクションを検討している。値下げに踏み切れば売上は15万5千ドルになり、オンラインキャンペーンに力を入れれば売上は13万1千ドルになる。すべての不確実性を取り除いているので、これらの数値ははっきりと分かっている。

私たちはどうすべきだろうか。この場合、話は単純で値下げに踏み切ることになる。これは売上の最大化を目標としてできる限り売上を大きくする方法を追求しているからだ。

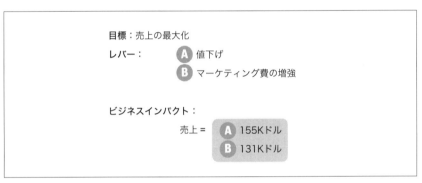

図6-4 確実にわかっていることからレバーを選ぶ

不確実性をともなわない意思決定は**比較的**簡単だが、この簡単さは、意識的（であってほしいところだが）に単純化することを選んだ副産物に過ぎないことが多い。このことは、**図6-5**の2つの事例について考えればわかる。レバーは2つ（AとB）あり、売上増と顧客満足度の向上の2つの目標がある。左のグラフのようになっていれば、2つの目標が足並みを揃えており、両方でAのほうがBよりも優れているので、文句なしにAというアクションを選べる。これは理想的だ。しかし、右のグラフのように片方の目標で効果的でも、もう片方の目標で効果が得られないことがよくある。そのような場合には、2つの目標の間で折り合いをつけなければならない。

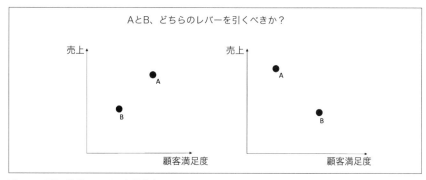

図6-5 目標が複数あるときの意思決定

　アクションと帰結の対応関係が確実にわかっている場合でも、問題がこのように
なってしまった場合にはどうすればよいだろうか。1つの方法は、すべてを同じ単位
（たとえば金額）で測ってみることである。しかし、顧客満足度を金額に変換できる
だろうか。定量化しなければならない不確実な対応関係が増えてしまった。しかし、
変換に成功すれば、"アップルトゥアップルの比較"[*3]になり、最適化すべき次元が1
つに絞られる。

6.4　不確実性をともなう単純な意思決定

　前節の単純な意思決定問題に少し変更を加え、顧客が値下げに反応するかどうかが
はっきりしないものとする。彼らは80%の確率で値下げに反応し、20%の確率で反
応しない。前者の場合は15万5千ドルの売上増となるが、後者の場合は売上増はな
い。第2のレバーは以前と同じだとする。この問題にはどのようにアプローチすれば
よいだろうか。

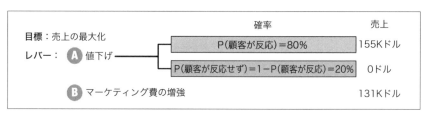

図6-6 同じ問題だが、不確実性が加わっている

＊3　［監訳注］りんご同士を比べるような同一条件での比較のこと。

2つのレバーによる期待収益を計算してみよう。まず、不確実性のないマーケティング費の増強からだ。この場合、このアクションを選んだ場合に得られる13万1千ドルが期待収益となる。値下げキャンペーンの場合、次のように計算すればすぐわかるように、期待収益は12万4千ドルになる。

$$E(売上) = 0.8 \times \$155K + 0.2 \times \$0 = \$124K$$

どちらを選ぶべきだろうか。不確実な値下げ（期待値12万4千ドル）と確実なマーケティング費（13万1千ドル）を比べれば、後者のほうが売上が高くなるので、後者を選ぶことになるだろう。

ここで言いたくなったことがあるかもしれない。**どのような状況でも**、何もないよりも"平凡な"成果が得られたほうがよいので、収益が確実なアクション（この場合はマーケティング費）を選びたいということだ。この場合、あなたは**リスク回避**を追求する人（ちょっと極端なまでに）になっているため、セーフティネットがほしくなったのだ。しかし、この確率（80 - 20）のもとで賭けに出てもよいと思う報酬はあるかを尋ねてあなたの立場に揺さぶりをかけてみよう。

値下げが成功したときの売上をデータサイエンティストが推定し直してみると、16万4千ドルになったとする。期待値を計算し直してみよう（ 0.8 × \$164K = \$131.20K ）。これと確実な成果を比較する。期待値がこのようになるなら、値下げレバーを選ぶのではないだろうか。売上の推定が変わると期待値がどうなるかを示すと、**図6-7**のようになる。まだ決められないだろうか。

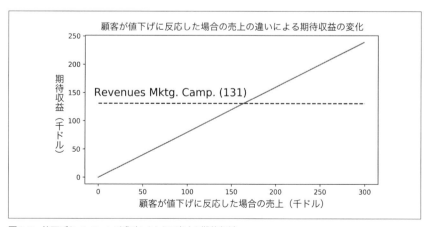

図6-7 値下げキャンペーンが成功したときの売上と期待収益

　データサイエンティストが値下げキャンペーンから得られる売上は20万ドル（期待値は16万ドル）、50万ドル（期待値は40万ドル）、100万ドル（期待値は80万ドル）だと言ってきたらどうだろうか。あなたが賭けに出ないでいられるかどうかは疑わしいと思う。このことについてはこの章のあとのほうで再び取り上げる。

　期待値を使えば不確実な成果を比較でき、不確実な条件のもとで意思決定しなければならなくなったときの基準になる。次は、不確実性をともなう意思決定の難しさについてもっと深く考えてみよう。

リスク回避

　リスク回避という概念のことはおそらく耳にしたことがあるだろう。ざっくりと言えば、確実な結果がわかっている別の選択肢があれば、人は賭けに参加するのを嫌がる場合があるということを言っている。リスク回避の度合いを定量化するためには、まず、異なる成果をどのように評価するかを計測する効用関数を設ける。$u(x)$ は、成果 x から得られる効用を表す。効用関数は、不確実性を抱えるもの（お金、車、配偶者候補、新従業員候補）を価値（効用と呼ばれることもある）の単位に変換して考える。

　私たちが今まで見てきたすべての例で、お金の効用は**線形**（$u(x) = x$）であり、すべての1ドル札を額面通りに評価していると仮定してきたことに注意しよう。これは**リスク中立**な場合であり、線形の効用関数によって表現される（**図6-8**）。

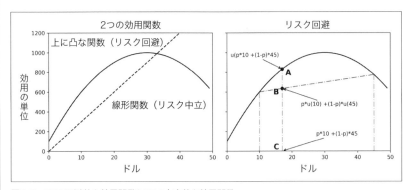

図6-8　リスク回避的な効用関数とリスク中立的な効用関数

　上に凸な関数の効用関数は、**リスク回避**の考え方を表している。リスク回避の考えの持ち主なら、不確実性をともなう意思決定をとことん避けたいと思っているので、ギャンブルの結果よりも確実な成果を取る。

このことは右のグラフでわかる。上に凸な関数の効用関数では、確率 p で $u(x)$ が得られ、残りの確率で $u(y)$ が得られるギャンブルよりも、確実な成果 $px + (1 - p)y$（点**C**）のほうがいつでも高く評価されることがわかる。図では、点**A**が点**B**よりも大きいことに注意しよう。そのため、確実な成果（**C**）から得られる効用のほうがギャンブルから得られる期待効用よりも大きいのである。

あとで示すように、ある種のビジネス応用では、リスク回避の効用関数をモデリングすることに慎重にならなければならない。

6.5　不確実性をともなう意思決定

不確実性で困るのは、アクションを選択したときにその意思決定の成果がはっきりわからないことである。よく言われるように、**不確実性は意思決定してから姿を表す**。そして姿を表したときに明らかになった結果が満足のいくものでなければ、私たちは選択を後悔するのである。

図6-9は、不確実性をともなう意思決定の難点と意思決定の方法を示している。左上のパネル1は、私たちが持っている選択肢と手持ちのレバー A, B が不確実な帰結（それぞれのオファーを受けるか否か）と対応付けられていることを示す。相手は確率 p_A でレバー A、確率 p_B でレバー B を受け入れる。この仮説的なシナリオにおける不確実性はこれである。

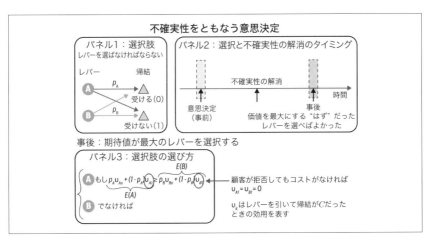

図6-9　不確実性をともなう意思決定の構造

パネル2は、私たちが直面する最大の難点を示している。私たちは不確実性が解消する**前**に意思決定しなければならない（一般に**事前**と呼ばれる）。不確実性が解消したあとの実際の成果がわかれば**事後**に最適な意思決定をできるが、不確実性をともなう意思決定ではそういうわけにはいかない。不確実性が解消される**前**に意思決定しなければならないという事実に対処しなければならない。

パネル3は、不確実性をともなう意思決定のしかたを示している。それぞれの選択肢（レバー）の期待値を計算し、期待値がもっとも高いものを選択するのである。これで事後に最適な選択肢が選ばれる保証はないことは明らかだろう。期待値が最大になる選択肢を選んでも、不確実性が解消されたあとで見てみれば最適とは言えない成果になることはある。

なぜこのようなことが起きるのだろうか。確率の推定がまずかったのだろう。理由は、よいデータがなかった、機械学習ツールキットの使い方がうまくなかった、抱えている不確実性のもとを理解するために使った時間が足りなかったなどだ。しかし、**たとえそれらをうまくしても、運悪くまずい結果になることはある**。

6.5.1　これ以上のことはできないのか？

不確実性をともなう意思決定で期待値を使うのは標準的な方法になった。しかし、事前に、つまり不確実性が解消する前にできることはこれだけなのだろうか。ほかの方法についても考えてみよう。

期待値が最大になるレバーではなく、不確実性を無視してうまくいったときに最高の成果が得られるレバーを引くようにすればどうなるだろうか。このような意思決定を迫られることが1度だけで繰り返されない場合には、後悔するか、しないかのどちらかだ。それは選択肢の価値と実際の結果次第である。

しかし、意思決定は1度だけとは限らない。頻度主義の仮定と同じように、同じギャンブルを何度もする場合について考えてみよう。両方のやり方による報酬の**総額**を計算すれば、期待効用を最大化する方法のほうが長期的には無条件によいという結論になるだろう。

図6-10は、同じ意思決定を100回繰り返さなければならなくなったときに2つの選択基準から得られる報酬の総額を示している。このグラフの作成には、**例6-2**のコードを使っている。

例6-2 長期的には期待値の最大化は最適である（次善の策になる）

```python
def get_exante_earnings(accepts_a, accepts_b, exante_choice, clv_a, clv_b):
    '''
    報酬は顧客が個々のオファーを受けるかどうかと期待効用によって決まる
    1．E(A)>E(B)なら選択肢Aをオファーする
      顧客がAを受けたらCLV_Aの報酬が得られる。そうでなければ報酬は0となる
    2．E(A)<E(B)なら選択肢Bをオファーする
      顧客がBを受けたらCLV_Bの報酬が得られる。そうでなければ報酬は0となる
    '''
    earn_ea = 0
    if accepts_a == True and exante_choice=='a':
        earn_ea = clv_a
    elif accepts_b == True and exante_choice=='b':
        earn_ea = clv_b
    return earn_ea


def get_expost_earnings(accepts_a, accepts_b, clv_a, clv_b):
    '''
    事後的に最適で最善：まるで不確実性などないかのような選択をする
    1．顧客がAを受け、Bを受けないならAをオファーする
    2．顧客がBを受け、Aを受けないならBをオファーする
    3．顧客が両方を受けるなら、会社にとって最良のものをオファーする
    '''
    earn_ep = 0
    if accepts_a == True and accepts_b ==False :
        earn_ep = clv_a
    elif accepts_a == False and accepts_b ==True :
        earn_ep = clv_b
    elif accepts_a == True and accepts_b ==True :
        earn_ep = np.max(np.array([clv_a, clv_b]))
    return earn_ep


def get_maxvalue_earnings(accepts_a, accepts_b, clv_a, clv_b):
    '''
    CLV_A>CLV_BならAをオファー、そうでなければBをオファー
    報酬：顧客がオファーを受けたら対応するCLVが得られるだけ
    '''
    earn_mv = 0
```

```
    if clv_a>=clv_b and accepts_a ==True:
        earn_mv = clv_a
    elif clv_a<=clv_b and accepts_b ==True:
        earn_mv = clv_b
    return earn_mv


np.random.seed(7590)
# オファーを受け入れたときの顧客生涯価値(拒否なら0)
clv_a = 10
clv_b = 11
# オファーを受ける確率
prob_a = 0.6
prob_b = 0.5
# 期待値と期待効用に基づく最適な選択
evalue_a = prob_a*clv_a + (1-prob_a)*0
evalue_b = prob_b*clv_b + (1-prob_b)*0
if evalue_a> evalue_b:
    exante_choice = 'a'
else:
    exante_choice = 'b'
# T回のシミュレーション:報酬総額は0で初期化
T = 100
total_earnings = pd.DataFrame(index=np.arange(T),
                        columns=['exante','expost','max_prob','max_value'])
for t in range(T):
    # 顧客の不確実な選択をシミュレート
    accepts_a = np.random.rand() <= prob_a
    accepts_b = np.random.rand() <= prob_b
    # 事前に最適
    total_earnings.exante.loc[t] = get_exante_earnings(accepts_a, accepts_b,
                    exante_choice, clv_a, clv_b)
    # 事後的に最適
    total_earnings.expost.loc[t] = get_expost_earnings(accepts_a, accepts_b,
                    clv_a, clv_b)
    # 常に最大値を選択
    total_earnings.max_value.loc[t] = get_maxvalue_earnings(accepts_a,
                    accepts_b, clv_a, clv_b)


# グラフの出力
```

```
fig, ax = plt.subplots(1,2, figsize=(12,4))
total_earnings.expost.cumsum().plot(ax=ax[0],color='k', ls='-',lw=5)
total_earnings.exante.cumsum().plot(ax=ax[0],color='k', ls='--')
ax[0].set_title('Cumulative Realized Earnings', fontsize=16)
total_earnings.max_value.cumsum().plot(ax=ax[0],color='k', ls='dotted')
df_relative_earnings = pd.DataFrame(total_earnings.max_value.cumsum() /
                        total_earnings.exante.cumsum(), columns=['ratio'])
df_relative_earnings.ratio.plot(ax=ax[1],fontsize=16, legend=None, color='k')
ax[1].plot([0,100],[1,1], ls='--', alpha=0.5, color='0.15')
ax[1].set_title('Ratio of Max Value to Ex-Ante', fontsize=16)
ax[1].set_xlabel('Number of times you make the same decision', fontsize=12)
ax[0].set_xlabel('Number of times you make the same decision', fontsize=12)
ax[0].set_ylabel('Dollars',fontsize=12)
ax[1].set_ylabel('Dollars',fontsize=12)
plt.tight_layout()
```

　事後的に最適な選択は、**最善**の選択とも呼ばれる。まるで魔法の玉があって顧客が
どのオファーを受けるかがわかっているかのように、不確実性なしで最適なものを選
べるからだ。そのため、これは他の選択基準を比較するときのよい基準線になる。グ
ラフでは、そのほかに2つの基準による報酬のシミュレーションも示している。期待
値を最大にする方法（凡例で**事前**としてあるもの）とうまくいったときに確実に高い
報酬が得られるもの（凡例で**最大値**としてあるもの）である。

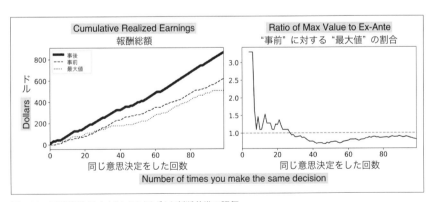

図6-10　不確実性をともなうときのさまざまな判断基準の評価

　左のグラフは、最善が本当にもっともよい成果を生み出すことを示している。この
シミュレーションでは、最初の段階でBがよい成績を出したので、短期的には期待値

計算（"事前"）よりも"最大値"のほうが高収益が得られた。しかし、長期的には両者は逆転し、期待値計算を使ったほうが高収益になる。この場合、**期待値を基準としていなければ後悔していただろう**。

　右のグラフは、"最大値"が"事前"よりもどれだけ得になるかを示している。最初の段階でCLVが高いBが好成績を出したので、期待値よりも最大値のほうがよいという評価になっている。しかし、長期的には出現頻度は確率に収束するので、次第に"事前"のほうが"最大値"よりも高収益を上げるようになる。

　かならず受けてもらえる確率が高いほうのレバーを選ぶというように、確率だけで選択を決めても同じような結果になることに注意しよう。

6.5.2　しかしこれは頻度主義の言い分に過ぎない

　先ほどの例では、不確実性を無視して受けてもらえれば高い売上が得られるほうだけをオファーするという、レバーと受けてもらえたときの売上を無視して受けてもらえる確率が高いほうだけをオファーするという2つの方法よりも期待値を最大化するほうがよい結果になることを示した。どちらの場合でも、**長期的**には、そのレバーを選んだことを悔やむ結果になるだろう。

　しかし、頻度主義的な解釈は、現実のビジネスで起きるシナリオの多くでは不適切だということについてはすでに触れた通りだ。**不確実な部分が異なる結果になるだけでほかはまったく同じ条件のもとで同じ意思決定を何度もシミュレートする**という考え方自体に問題があるのだ。

　意思決定理論の研究者たちは、このジレンマをめぐって数十年も論争を続け、いわゆる公理的アプローチという答えが生まれた。この理論のもとでは、頻度主義的な論拠を前提とする必要はないが、満たされれば**まるで期待値が最大化されたかのように**人が行動することが保証される行動学的な公理を援用する。公理的アプローチについては章末で参考文献を紹介するが、ここでは、このアプローチによれば、期待値の最大化は私たちができる絶対不変のベストではないということに触れるに留めたいと思う。ただし、公理的アプローチは、期待値の最大化が合理的な行動だということを保証してはいる。

6.6　意思決定についての規範的理論と記述的理論

　期待値を基準とすることは、不確実性をともなう意思決定の理論の1つと考えることができる。成果が不確実な意思決定を求められたときに、私たちはどのようにして

意思決定**している**のだろうか。また、どのように意思決定**すべき**なのだろうか。これら2つはすでに出てきた問いだが、大きく異なる問いである。前者は何が行われているかを**記述**するのに対し、後者はどう行動すればもっともよいかについての**処方箋**であり、推奨事項である。

私たちの日常的な選択では、大半の人々は期待値の計算などしない。すると、期待効用理論は、私たちの意思決定の方法を正確に記述したものではないということになる。しかし、期待効用理論は、**規範的**理論としては優れているのだろうか。つまり、そのような計算ができればもっとよい結果が得られるのだろうか。前節で触れたように、頻度主義的な解釈からは答えはイエスである。**期待効用理論の基準を採用すれば、私たちは会社のためによりよい意思決定をすることができる**。私たちの分析ツールキットにこの理論を組み込んでいるのはそのためだ。

6.7 不確実性をともなう意思決定にひそむ パラドックス

確率0.001で100万ドルが当たり、それ以外なら何ももらえないというギャンブルがあったとする。この宝くじに出してもよい最高額はいくらだろうか。読者が予想されたように、それはこのギャンブルの期待値である。

ギャンブルに使う額（ y ）に対する**期待利益**を計算してみよう。

$$E(\text{利益}) = 0.001 \times \$1\text{M} - y \geq 0$$

この不等式によれば、賭けに出るなら、期待値よりも多く負けるようなことはすべきではないということになる。そこで、払ってもよい上限額は、勝ち負けなしになる $y^M = \$1{,}000$ だということになる。

話をリアルにするために、アメリカのメガ・ミリオンズで確率302,575,350分の1で当たりくじを引き当てる場合について考えてみよう[*4]。本稿執筆時点で、このくじは1枚2ドルである。この値段でくじを買ってもよい賞金総額の下限は、6億500万ドルである[*5]。

期待値という基準から見て最適でなくても多くの人々が宝くじを買っている。その

[*4] これは2018年10月現在でメガミリオンズで勝者になるオッズである。CNBCのこの記事（https://oreil.ly/VJh4W）を参照のこと。

[*5] 勝者が複数になれば賞金を頭割りしなければならないので、もっと高額になるかもしれない。

ため、期待効用理論は意思決定の記述的理論としてはあまり優れていないことが改めてわかる。

　では次に、貯金（たとえば100ドル）を全部はたかなければ参加できない宝くじについて考えてみよう。確率 $1E-6$ で貯金の1,000,001倍の賞金を手にできる。それ以外の場合は、何ももらえない（つまり、貯金をすべて失う）[*6]。

$$E(賞金) = 0.000001 \times (1000001 \times \$100) = \$100.0001$$

　勝率と賞金は、期待効用理論に従えば、貯金額にかかわらず宝くじに参加した**ほうがかならずよい結果**になるように選ばれている。しかし、だからといって参加するだろうか。私はしない。

　これには、不確実性をともなう意思決定の理論でもっとも有名なパラドックスが絡んでいる。

6.7.1　サンクトペテルブルクのパラドックス

　公正なコインを投げ（だから、表と裏は同じ確率で出る）、n回目で初めて表が出たときに 2^n ドルの賞金がもらえるギャンブルがあったとする。公正なコインなので、最初に投げたときに表が出る確率は $1/2$、2度目に投げたときに初めて表が出る確率は $(1/2)^2$（最初に投げたときに確率 $1/2$ で裏が出て、2度目の投げたときに同じ確率で初めて表が出る）である。すると、n回目のトスで初めて表が出る確率は $(1/2)^n$ となる[*7]。では、賞金の期待値を計算してみよう。

$$E(賞金) = \frac{1}{2}2 + \frac{1}{4}4 + \frac{1}{8}8 + \cdots = 1 + 1 + 1 + \cdots$$

　ご覧のように、期待賞金が無限に増えるような勝率と賞金が選ばれている。この賭けに誰もそんな額を賭けたりはしないだろうというところがこのパラドックスのパラドックスたるゆえんである（なお、人がくじを買う気になる金額をそのくじの**公正価値**と呼ぶ）。

　18世紀に数学者のダニエル・ベルヌーイが解を提案した。個々の賞金を額面で評価してはならない。賞金額が大きくなると、賞金が1ドル増えたときに感じる価値が

[*6]　この例は、E・T・ジェインズの本から取ったものだ。章末の参考文献を参照。

[*7]　念のために言っておくと、大切なのは個々のトスが互いに**独立**だということである。そこで、たとえば5回投げて裏裏裏裏表になる確率は、各回のトスがそのようになる確率の積になる。

次第に小さくなっていくことを表す効用関数を使わなければならない。彼が提案したのは、個々の賞金の価値を額面の自然対数で表すというものだ。自然対数は好都合な、上に凸な関数で、限界効用の低減やリスク回避をうまく表現する。

2つの考え方による期待値を表すと**図6-11**のようになる。先ほども説明したように、線形効用関数なら、トスの回数に比例して期待効用が上がる。それに対し対数効用関数なら、いくらトスしても期待効用は1.4効用以下になる。1.4効用にはおおよそ15回の試行で到達する。とすると、この賭けには高々15回分の参加費を支払うべきだということになる。16回以降の価値の増分は、私たちにとっては0である。

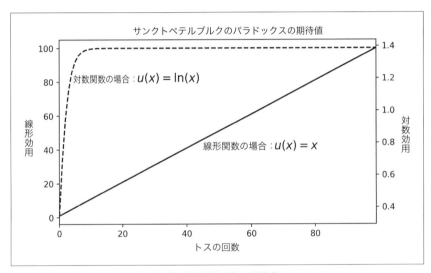

図6-11　対数効用関数を使った期待値と線形効用関数を使った期待値

今までは賞金の額面価値で効用を評価してきたので、私たちにとってこのパラドックスは重要だ。この期待値計算からは買うべき上限（公正価値）さえ見つかった。このパラドックスは、リスク中立的な効用関数を使うときには注意が必要であり、うっかりすると破産してしまうということを思い出させてくれる。

6.7.2　リスク回避

サンクトペテルブルクのパラドックスが思い出させてくれたように、選択のモデリングでは上に凸な関数の効用関数を使うことが大切なときがある。上に凸な関数の効用関数は、限界効用の低減だけでなく、リスク回避の選好も表現してくれるのだ。リ

スク回避については先ほど簡単に触れたが、ビジネス応用で重要な理由ははっきりしなかった。そこで、**図6-6**の例についてもう一度考えてみよう。ただし、今回は確率を**図6-12**のように変更する。

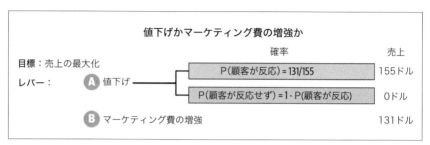

図6-12　再び値下げかマーケティング費の増強か

では、値下げというリスキーな意思決定の期待収益とマーケティング費増強の確実な売上をチェックしてみよう。厳密に言って、どちらのレバーでも数学的な期待値は同じなので、引っ張るのは**どちらでもよい**。無作為に選んでも、いつも前者、またはいつも後者を選んでも、期待値計算とは無関係なほかの基準を使ってもよい。あなたがどう思うかはわからないが、私はどちらでもよいと言われると落ち着かない気分になる。私の場合、成果がはっきりしているのがよい。分析マシンが実際にどちらでもいいよと言ってきたらびっくりするだろう。

ここまでは、1ドルの増加を1単位の効用に変換する線形（リスク中立的）な効用関数（$u(x) = x$）を使ってきたことを思い出そう。しかし、今までの議論から考えると、私はリスク中立的ではないようだ。実際、私ならギャンブルには参加せず、確実な売上を取るだろう。私たちの難問に対する答えはここにある。今まで使ってきたリスク中立的な効用関数を捨てて、リスクに対する選好をより適切に表現できる上に凸な関数を使うのだ。説明のために、ダニエル・ベルヌーイが提案したドルを対数ドルに変換する関数を使ってみよう。

不確実な値下げによって得られる売上は次のようになる。

$$E(売上 \mid 値下げ) = \frac{131}{155} \times \log(155) = 4.3$$

マーケティング費の増強によって期待される売上の計算方法は今までと同じである。

$$E(売上 \mid マーケティング費増強) = 1 \times \log(131) = 4.9$$

こう考えると、マーケティング費の増強を選択すべきだということになる。ほかの上に凸な関数の効用関数でも同じ結果になるのかが気になるなら、答えは**イエス**である。上に凸な関数の定義からかならずそうなる。

うれしいことに、これならビジネスの問題解決のために期待効用の基準を使い続けられる。しかしその反面、複雑度のレベルが上がり、応用のためにリスク回避的な効用関数を選ばなければならなくなった。きっぱりとした意思決定が得られるようになったが、その分線形性が失われてしまったのである。私としては、最初は単純なリスク中立を仮定することをお勧めする（最初のうちは線形の世界のほうが扱いやすい）。この単純な問題が理解できたら、ステークホルダー（利害関係者）たちのリスク選好がどのようなものかの理解に力を尽くし、必要なら調整を加えればよい。興味のある読者のために、リスク回避のモデリングのために広く使われている効用関数を示しておいた（**数式6-1**から**数式6-3**まで）。調整のために自由変数を使えるようになっている。

数式6-1　対数効用関数

$$u(x) = \ln(x)$$

数式6-2　べき乗効用関数

$$u(x) = x^a \text{ for } a \in (0, 1)$$

数式6-3　指数効用関数：CARA（絶対的リスク回避度一定効用関数）

$a > 0$ について $u(x) = 1 - e^{-ax}$

正規化されたべき乗効用関数と対数効用関数を組み合わせると、経済学者に広く使われている**CRRA（相対的リスク回避度一定）**効用関数が得られる。リスク回避の係数は、効用関数の相対的な曲率によって決まる。たとえば、指数効用関数の場合、絶対的リスク回避の係数は a である。**数式6-4**のCRRAの場合、相対的リスク回避の係数は ρ である。両者の違いに興味のある読者は、章末の参考文献を見ていただきたい。

数式6-4　相対的リスク回避度一定効用関数（CRRA）

$$u(x) = \rho \neq 1 \text{ なら } \frac{x^{1-\rho}}{1-\rho} \text{ , } \rho = 1 \text{ なら } \ln(x)$$

図6-13は、これらの効用関数のパラメータを操作するとどうなるかを示している。予想通り、効用関数とパラメータが異なれば、関数の形が変わる。これを利用すれば、リスク選好を系統的にモデリングできる。

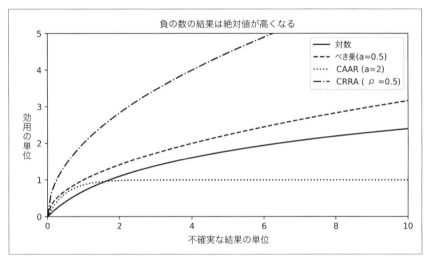

図6-13　リスク回避をモデリングするためのさまざまな調整方法

6.8　実践での活用方法

　ここまでの説明で、不確実性をともなう意思決定では、期待値が強力でありながら単純な方法として効果的だということは納得していただけているだろう。また、この問題の難しさの一端も伝えられているのではないかと思う。この単純さは、数学的期待値が確率に対して線形であり、リスク中立も仮定するなら、数学的期待値が不確実な成果の価値に対しても線形だということによる。

　では、今までのアプローチを要約しておこう。

不確実性をともなう意思決定

帰結が不確実な2つのレバー（ A, B ）があるとき、考慮すべき指標の期待値を最大化するものを選ぶ。

- $E(x|A) \geq E(x|B)$ なら A を選ぶ。
- そうでなければ、 B を選ぶ。

レバーが3本以上のときも同じ原則が当てはまる。

この計算の中でAIはどのような役割を果たすのだろうか。相手にしている問題のタイプによって2つのアプローチが使える。

- MLツールキット（教師あり回帰モデル）を使って期待値を直接推定する。
- MLツールキット（教師あり分類モデル）を使って期待値の計算結果がある範囲になる確率を推定する。

本篇ではこれらのモデルのことは説明しないので、詳しいことは付録を参照していただきたい。後者のアプローチから説明しよう。

6.8.1 確率の推定

期待値は、不確実な成果の確率と報酬によって決まる。まず、確率を推定する方法から見ていく。

◘ 無条件確率の推定

確率の頻度主義的解釈に戻り、無条件の出現頻度の推定から始めたい。本書ではこの方法の問題点をいくつか取り上げてきているが、履歴データがある場合には、単純なこの考え方から始めてもよいだろう。実際、この解釈方法を使わないつもりでも、データをある程度まで理解するためにいつでも出現頻度をグラフ化するところから始めるとよい。

図6-14は、離反防止キャンペーンにおけるコンバージョン率の仮説的な履歴データを使ってこのアプローチをとったときにどうなるかを示している。今までの履歴では、顧客の20%が離反防止キャンペーンに反応したことがわかる。そこで、分析対象となっているほかのレバーかこのレバーかを選ぶときの期待値を計算するときに

は、この基本推定が使える。

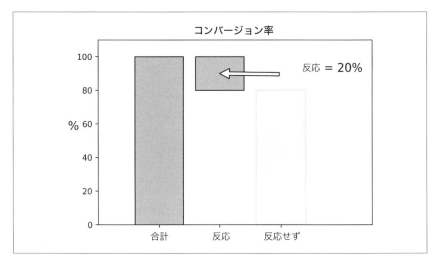

図6-14　離反防止キャンペーンのコンバージョン率の履歴データ

　この方法の長所は単純なことである。データがある場合（かなり疑わしいもので
も）、出現頻度はほとんどすぐに計算できる。しかし、欠点もある。データがあっても、
異なる顧客サンプルによるおそらく異なるキャンペーンから得られた情報をプーリン
グしているだけなので、それらの違いがデータに及ぼす影響に対して無力である。た
とえば、ホリデーキャンペーンと反復的な顧客優待サービスを同じようなものとして
見てよいのだろうか。顧客は同じなのだろうか。これらの問いに対する答えは、おそ
らくノーだろう。これらの違いによる影響に無力なので、このような推定は**無条件**確
率推定と呼ばれるのである。

　一部のキャンペーンを取り除いたり、データを細かく分析して図では同じように見
えるものから異なる推定を得たりするところから始める方法はあるだろうし、もちろ
ん、それは分析に役立つ。しかし、観察データを系統的に制御したい場合には、もっ
と強力な方法がほかにある。

◻ 条件付き確率の推定
　付録で説明するように、教師あり機械学習は大きく回帰と分類の2種類に分類され
る。今までの例で使ってきたような離散的なカテゴリの中のどれに入るか（顧客が

キャンペーンに反応するかしないか、離反するか残るかなど）の予測では、一般に分類が使われる。詳細は付録に譲るが、これらの予測のために、カテゴリが正しい条件付き確率を推定する。この**条件付き確率推定**を使えば、漠然とした一般論に留まることなく、カスタマイゼーションの領域に近づける。

　たとえば、離反率を一律に集計するのではなく、顧客が顧客であった期間別に集計するとよい（私たちの会社を愛用し続けてきた顧客が他社に乗り換える可能性は低く、そうでない顧客は乗り換える可能性が高い）。そうすれば、顧客であった期間やその他関連性があると考えられる制御変数による分類モデルを推定できる（**数式6-5**）。

数式6-5　顧客が顧客でいた期間を条件とする分類

$$p(離反 \mid 顧客でいた月数) = f(顧客でいた月数)$$

　非線形性を十分に認めるなら、**図6-15**のようなパターンが現れるだろう。この仮説的なシナリオでは、顧客になってから18か月経った人たちがもっとも乗り換えの可能性が低いが、それでも15%程度は会社から離れていくことに注意しよう。

　また、この仮説的に適合させた関数にどの程度の不確実性があるかについての推定を入れていないことに注意しよう。実際の仕事では入れるようにすべきだ。これについてはあとで説明を追加したい。

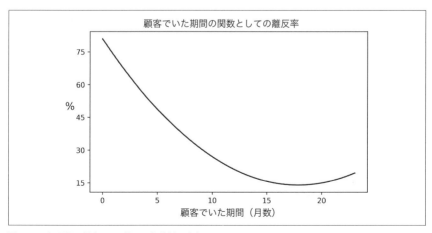

図6-15　仮説的に推定された離反の条件付き確率

ここで覚えておきたいのは、分類モデルを使えば条件付き確率を評価できることである。何らかの観察データを条件として分類すれば、顧客サンプルの異質性を明確化できるだけでなく、最適な意思決定のカスタマイゼーションに向かって一歩踏み出すことができる。サンプルに含まれるすべての顧客を十把一絡げにせず、推定をカスタマイズすることにより、意思決定もカスタマイズされる。

▣ A/Bテスト

「2章　分析的思考入門」では、観察データを使うときのリスクを説明したが、その中で、顧客（または私たち）が意図的に対象者となるかどうか選択するような場合、推定は大きなバイアスを含んだものになることを説明した。実験的な方法（A/Bテスト）を使えば、選択効果を取り除き、よりよい推定が得られる。

あとで簡単に触れる微妙な問題を無視すれば、A/Bテストを使って確率の推定値を得るのは簡単なことだ。テストが終わったら、すでに説明した出現頻度や条件付き期待値の分析を行えばよい。

A/Bテストの長所と短所をまとめておこう。まず、長所については、すでに言っているように、観察データに充満している選択バイアスを取り除いて因果効果を推定できることであり、サンプルサイズの選択方法がわかれば比較的簡単に実現できることである。短所は、顧客サンプルに対する平均的な効果を推定できるだけで（その延長として全体を推定する）、顧客個人のためのパーソナライズされた推定はすぐには得られないことだ。また、単純にA/Bテストが実行できない場合や、コスト的に不可能な場合がある（たとえば、顧客離反の実験）。

▣ バンディット問題

バンディット問題は、時間をかけて反復的な選択をしなければならない**逐次的決定問題**の1つで、時間の経過とともに確率の推定値か期待値自体を改善しながら不確実性がどのような働きをするかを学習していく。

ここでは詳細には踏み込まず、このような逐次的問題で直面する主要なトレードオフに触れるだけに留める。考え方は単純だ。どのレバーを引くかを選択するたびに、その成果から背後の不確実性（たとえば、顧客がキャンペーンに反応する確率）についての何らかの情報が得られる。たとえば、値下げレバーを引いたときに、顧客の反応率が80%なら、このレバーの期待収益はほかのレバーよりも高くなるだろう。しかし、まだ1度選択しただけなので、確率の推定値にはかなりの不確実性が潜んでい

る（つまり、最初だけとても幸運だったのかもしれない）。

1度目の選択のあと、また選択が必要になる。同じ値下げレバーを引いてもよいし、別のまだ触っていないレバーを使ってみてもよい。ビジネスサイドのステークホルダーが前者を引く（利用する）よう圧力をかけてくることがよくあるが（最初の結果が非常によかったため）、よりよい確率推定を得るためにしばらく別のレバーを試したほうがよいかもしれない。これが有名な**探索と利用**のトレードオフであり、不確実性が含まれる中で逐次的に意思決定するときにはこのトレードオフがつきまとう。

これは独立した本で取り上げるだけの価値のある魅力的なテーマであり、本書では章末で参考文献を紹介するだけに留めておきたい。

6.8.2　期待値の推定

期待効用仮説に従えば、不確実性をともなうときには、分析対象のものの数学的期待値が最大になるものを選んだほうがよい。前節で説明したように機械学習ツールキットを使って確率を推定してもよいし、期待値を直接推定してもよい。確率は期待値を計算するために役立つが、問題によっては、確率計算のステップを省略して直接期待値を推定してもよい。

予測したい指標が売上、利益、生涯価値といった連続値なら、**回帰**アルゴリズムが使える。専門的な説明は付録に譲るが、統計的な意図を持つ回帰アルゴリズムなら、一般に知りたい指標の数学的な条件付き期待値を推定するために使える。つまり、変数が連続値なら決定のために必要な推定値が直接得られ、変数がカテゴリカルなものなら成果は条件付き確率の推定値になる。

6.8.3　頻度主義の手法とベイズ主義の手法

確率と期待値の解釈方法に始まるベイズ主義と頻度主義（頻度論派）の考え方の違いについてはすでにある程度触れた。両者の違いは、ベイズ主義がボトムアップ的な感覚の解釈をするのに対し、頻度主義がトップダウンの視点から問題にアプローチするという言い方もできるだろう。

古くからの統計学では、確率は自然界の客観的真実であり、そのため実験を何度も繰り返すところを想像できる。この場合、コイントスの例のように、相対的な出現頻度は、対応する確率に**収束する**。実験を無限回繰り返したら何が起きるかに定理を限定する考え方が頻度論者の根本的な価値観である（大数の強法則と弱法則のことを考えてみよう）というのは偶然ではない。ある意味では、まったく同じ条件のもとで実

験を繰り返すことによって、これらの確率を**明らかにする**のである。

　それに対し、ベイズ主義は、あることが起きる確率を個別に評価するところから始めるわけで、下から理論を組み立てていく。そのため、彼らは標準的な確率理論（学派の名前のもとになっているベイズの定理など）を使って、不明なことを定量化できる条件（公理）を追求していく。ここでいう確率は、ある事象が起きる確率に対する評価が2人の人の間で異なるかもしれず、長期的な頻度とかならずしも一致していなくてもよいという意味で主観的である。

　私なりにできる限り実践的にこのテーマを説明しようと努力した結果が、以上である。関心のある読者は、参考文献を参照して、ここで省略した細部をしっかり埋めてほしい。わずかな文章で深いことを言おうとしても、このテーマをまともに論じたとはとても言えないことはわかっているつもりだ。ただ、不確実性がどこから生まれているか、それをどのようにモデリングするかについてはよくよく考えなければならないということを言いたいだけだ。

　顧客が顧客でいる期間によって離反率がどのように変わるかという例（**図6-15**）についてこのことを考えてみよう。データに現れたパターンは仮説的なものだが、これはあなたが仕事で見かける現実のデータと大きく異なるものではないだろう。しかし、このデータは本当に顧客がそのようにふるまうことの証拠になっているのだろうか。

　この種のエビデンスを記述するほとんどの場合、私たちは信頼区間に言及するし、最低限そうすべきだ。しかし、確率論的な視点から信頼区間を解釈しようとするとさまざまな問題にぶつかるということを言っておきたい（P値についても同じことが言える）。このテーマについても本書で取り上げるのはここまでとし、あとは章末の参考文献にあたってほしい。

6.9　3章のユースケースへの応用

　それでは、私たちが選んだ個々のユースケースを分析してみよう。この節の分析では、関心の対象でない不確実性や個々の問題にとって1次的だとは言えない不確実性の多くを単純化していることに注意してほしい。

6.9.1　顧客離反

　まず、1回の顧客優待キャンペーンを行う場合について考えてみよう。つまり、ほ

かのキャンペーンとの条件の違いはさしあたり無視するということである。本質的な不確実性という視点に立てば、すべてのキャンペーンが同じように分析できるはずだ。このシナリオに含まれる不確実性は、私たちがキャンペーンをするかどうかによって顧客が私たちの会社から離れるかどうかが左右されるかである（**図6-16**）。

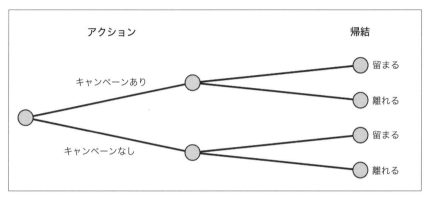

図6-16 顧客離反問題に含まれる不確実性

　ここでの不確実性のもとを少し深く掘り下げてみよう。まず、顧客が会社から離れていきそうかどうかはわからない。「4章　アクション、レバー、意思決定」で触れたように、顧客は通常、品質、手頃な価格（キャンペーン）、手厚い顧客サービスを求めており、少なくともある程度はこれらがトレードオフになることを認めている。

　そこで、私たちの不確実性の第1の源泉は、これらそれぞれの次元での期待に対する満足度である。彼らがこれらの次元にどのようなランク付けをしているか、つまり各次元の変化にどの程度敏感に反応するかもわからないし、1つが優れていれば別の1つが劣っていても許容できると思う度合いもわからない。

　このような不確実性をどのようにモデリングすればよいかを示すために、問題を単純化し、最初は1つの次元、たとえば品質のことだけを考えるようにしてみよう。品質が上がれば顧客満足度が上がると考えることに合理性はありそうだ。数学的には、顧客が感じる品質に依存する効用（満足度）関数 $u(q)$ を考えることができる。この関数は引数とともに増加する。さらに、行動経済学の文献が発見したこと（4章参照）を取り入れて、顧客は、期待または参照点（ q_0 ）との比較によって品質を判断すると考えてもよいだろう。すると、効用関数は $u(q - q_0)$ となる。

　これで品質によって顧客満足度がどのように変わるかについての理論が打ち立てら

れた。さらに進んで、会社を切り替えるかどうかの判断とこの理論をリンクさせてみよう。ここでは、ひとりひとりの顧客がしきい値レベル、つまり許容できる最小限の満足度レベルを持っていると考えると便利だ。そのレベル未満になって耐えられなくなると、ほかの会社に乗り換えるということである[*8]。この未知のレベルは顧客ごとに異なるので、選好の異質性による不確実性だと言うことができる。

　では、以上の部品を組み立てて、顧客が会社から離れていく理由についての最初のモデルを作ろう。

$$u(q - q_0) = \alpha_0 + \alpha_1(q - q_0) + \epsilon$$

この単純な行動モデルでは、顧客満足度は品質の上昇とともに線形に上がっていくこと（ $\alpha_1 \geq 0$ を想定している）、そして確率項 ϵ を入れることにより、顧客によって差があることも認める。これは数学のための数学といった形式主義ではないことに注意しよう。こうすることによって異質性がはっきりし、あとはその分布の**形**を想定することになる（対称的で長い裾ができたりしないと考えるなら、正規分布になるだろう）。

　以上から、顧客は、この観察されていない満足度レベル（文献で使われている言葉を使えば潜在満足度）がしきい値未満に落ちると会社を離れていくということになる。

$$\alpha_0 + \alpha_1(q - q_0) + \epsilon_i < k_i \quad \text{なら顧客は離れていく}$$

しきい値レベルの k_i も観察されておらず、顧客によって異なるので、異質性の確率項 ϵ_i と結合して、単に次のように言えばよい。

$$\alpha_0 + \alpha_1(q - q_0) + \eta_i < 0 \quad \text{なら顧客は離れていく}$$

この単純な行動モデルからは、ボトムアップで離反率を推定する方法を組み立てられる。不確実性が含まれる中である分布（ η_i ）について仮定を設ければ、離反率は次のように推定できる。

$$Prob(顧客離反) = Prob(\alpha_0 + \alpha_1(q - q_0) + \eta_i < 0) = F(-\alpha_0 - \alpha_1(q - q_0))$$

$$= 1 - F(\alpha_0 + \alpha_1(q - q_0))$$

[*8]　ここでは、顧客が私たちの会社に対する満足度とほかの会社で得られる満足度を比較する可能性を無視している。この効果も含めたよりリアルなモデルを作ろうとしても、そのために使えるデータを見つけるのは容易ではないだろう。純粋にプラグマティックな意味で単純化することがあるということだ。

ただし、 $F()$ は確率項 η_i の累積分布関数である。

疑問に思うかもしれないが、これは応用ミクロ経済学者が離散選択をモデリングするために使っている方法であり、ノーベル経済学賞を受賞したダニエル・マクファデンらが広めた方法である。

先に進む前に、いくつか言っておきたいことがある。第1に、このようにすべてを数学的に表現し、不確実性がどこにあるかを明確にする必要が本当にあるのかということだが、実務者の大多数はすべてを定式化するような面倒な作業をいちいちしているわけではない。しかし、このように定式化すれば不確実性の源泉とそれらひとつひとつのモデリングの方法についての熟考を迫られ、仮定を単純化できるので、グッドプラクティスだとは思う。また、行動と不確実性をボトムアップでモデリングしていくので、推定は間違いなく**わかりやすく**なる。私自身は、このようにして仕事を始めている。もっとも、時間的な制約や複雑度次第では、これよりも簡単な方法を使うこともある。

第2は、モデルをもっとリアルにすることについてだ。ここでは、顧客は品質しか考えないという前提で話を進めてきたが、すでに述べたように、彼らは価格と顧客サービスの充実も求めており、それらの間のトレードオフも考えている。これらひとつひとつを理解し、共通基準（効用や満足度）で計測すれば、さらにそれら全部を組み合わせて総合的な顧客満足度の尺度を得ることができる。なお、関数的な仮定（たとえば加法性）が異なれば、それぞれの指標を合わせる際の重みが変わることに注意しよう。

最後は、確率推定の問題である。不確実性を本格的に扱うなら、不確実性の源泉の分散について仮定を設け、それに従って推定をすすめる必要がある。たとえば、正規分布を仮定するなら、**プロビット**モデルを使うことになる。不確実性がロジスティック分布に従うと仮定するなら、ロジスティックモデルが適している。もちろん、解釈のしやすさと予測力の両方を得ることを期待しながらすべてをブラックボックスに入れるというごまかしに走ってもよい。もっとも、私の経験では、そのようなことをするのはまれだ。

6.9.2 クロスセル

図6-17は、異なる商品のクロスセルにまつわる問題を分析するための方法の1つを示している。個々の商品（レバー）について、顧客が反応しうる値下げのオファーをするか判断しなければならない。この問題は、分析するレバーが多ければ多いほど

面白くなるが、さしあたりはレバーが1本の場合を考えよう。もっとも大きな不確実性はここにある。より一般的な問題は「7章　最適化」で取り組むので、ここでは出発点としてどこに不確実性があるか、その不確実性をどのように概算するかを理解することにしよう。

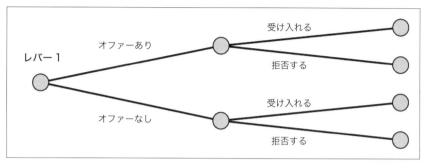

図6-17　クロスセルの不確実性

　当たり前のことを言うようだが、顧客はほしくて買える範囲の商品を買うが、私たちにはそれぞれの度合いがどの程度なのかはよくわからない。しかし、クロスセルの場合、顧客の過去の購入履歴についての情報があり、それを利用すればクロスセルのオファーを受け入れる可能性がおおよそどれぐらいかを計算できる。しかし、確率の推定にはこれだけでは不十分だということに注意しよう。個々の商品を購入した顧客と購入しなかった顧客の間の差異を知る必要がある。

　要するに、個々の商品を買った顧客と買わなかった顧客のサンプルが必要だということである。そうすれば、たとえば以前彼らがほかにどのような商品を買ったかなどの選択のモデリングができる。商品の類似性や生み出す価値のタイプなどの理由で比較的頻繁に見られる購入の順番はあるか。私たちは顧客の選好や予算的制約を明らかにすることを目的としていることを忘れないようにしよう。問いが適切で答えをどこで探せばよいかがわかっていれば、データが面白いパターンを教えてくれる。

　次のユースケースに移る前に、観察データには大きなバイアスが含まれていることがあり、それが推定された確率の質に大きな影響を与える場合があることを思い出しておこう。クレジットカードの勧誘の例について考えてみよう。銀行は、リスク評価のための情報が十分ではないという理由から、特定の人口学的特徴を持つ人々にクレジットカードを与えてこなかった。そのため、データに適合させた大半のモデルは、全体の中での"受容者"の割合の低さを反映したものになるだろう。問題は、このグ

ループの人々には勧誘がなされてこなかったため、"拒絶"された例がまずないことである。倫理的な観点からは、伝統的にクレジットカードへのアクセスを拒否されてきたマイノリティグループでは勧誘が成功する確率が低いと機械学習モデルが推定して悪循環を起こすというリスクがある。ビジネスの観点からは、このバイアスのために自らシステマティックに利益を取り逃がすことになる。

この問題はどうすれば解決できるだろうか。たとえ短期的にコストが余分にかかったとしても、あるレバーを**活用**する前に、少し時間をかけて使えるかもしれないほかのレバーを**探索**してみることだ。たとえば、観察データに広く浸透している選択バイアスを回避するために、A/Bテストの実施などを検討するとよい。

6.9.3 CAPEXの最適化

すでに説明したように、企業はROIをできる限り大きくするために異なるバケツに投資予算を分けようとする（たとえば異なる地域に）。企業は予算を全部執行するのが普通なので、この問題はできるだけ多くの売上増を得ることと同じだ。

では、この問題のどこに不確実性が潜んでいるのだろうか。アクションは個々のバケツにどれだけ投資するかであり、それによって動かしたい指標は売上である。アクションから指標までの距離が大きいのは明らかだ。どうすれば投資額を上げることによって売上が上がるのだろうか。これは企業ごと、業種などのセクターごとにまちまちなので、全体に当てはまる1つの答えを出すことはできない。しかし、「5章　アクションから帰結まで：単純化の方法」で示したような話の進め方はあるので、仮説的なシナリオで考えてみよう。リアル/仮想店舗の業績向上のために、追加的な資本支出を検討しているものとする。すると、CAPEXが売上にどのような影響を与えるかが理解しやすくなる。よりよい店舗、より大規模な店舗は、販売価格や販売数を上げられる（そうでなければ、売上に直接影響を与えることはできないだろう）。

一般に、個々のバケツで次のような効果が発生するはずだ。

$$R(x) = P \times Q \times (1 + g(x))$$

ここで、$g(x)$ は投資規模 x の影響を受ける増加要素である。つまり、それは推定したい成長率であり、価格と販売数の両方への効果が含まれるだろう。CAPEXには両方の効果が含まれ、それぞれに不確実性があるので、先に進む前にそのことをはっきりさせておきたい。

$$R(x) = P(1 + g_P(x)) \times Q(1 + g_Q(x))$$

効果が2種類あることを明示することにどのようなメリットがあるのかと思われるなら、データは自分から話してくれるわけではないということを思い出そう。適切な問いを与えなければ答えがもらえないのだ。この場合、価格と販売数に大きな効果があることを頭に入れておけば、価格と販売数のデータを分けて見られるようになる。

売上増に影響を及ぼす可能性のある動因をすべて理解したとしても、「2章　分析的思考入門」で触れたように、観察データには選択バイアスが充満している。この場合、履歴データを使うと、推定に偏りが出るかもしれない。以前のCAPEXが平均以下の業績のバケツ（都市、地域など）に配分されていた場合、プラスの効果があったとしても、出力された指標はほかのバケツと比べて低水準のままかもしれない。

この問題には単純な解決方法はない。CAPEXの配分の場合、A/Bテストはコストがかかりすぎて選択肢にならない可能性がある。そのような場合には、人為的な操作が必要になるかもしれない。具体的な問題の性質に合わせて、マッチングや差分の差分法などの手法を使って比較できる数値を作るのである。

6.9.4　出店先の選定

この問題では、最大限のROIを得ることを目的として次の店舗をどこに作るかを決める。選択対象が店舗の位置（ *loc* ）なので、位置の違いによって利益がどのように変わるか（利益 (*loc*) ）が知りたい。**不確実性がなければ**、利益が最大になるような場所に店舗を出すのがベストだろう。

すでにかなりの単純化をしていることに気づいただろうか。どこに店を出しても開店当日から利益が上がることはない。通常、投資が効果を現して損得なしの状態になるまでには時間がかかる（最高のポテンシャルを発揮するようになるまではさらに）。そして、その時間は出店先によって異なる要因と相関している場合がある。では、その要因とは何だろうか。

そもそも、利益は売上からコストを引いた額なので次の式が書ける。

利益 (*loc*) = 売上 (*loc*) − コスト (*loc*)

先ほどのユースケースと同じように、売上は価格と販売数（価格と相関関係がある）によって決まり、当然ながらこれらはともに地域によってまちまちである。コストには固定費（たとば賃料）と変動費（たとえば人件費、水道光熱費）があり、これらも地

域によって異なる。

$$利益\,(loc) = P(loc) \times Q(loc) - \mathrm{FC}(loc) - \mathrm{VC}(loc)$$

ただし、Pは価格、Qは販売数、FCは固定費、VCは変動費。

必要なら、費用はさらに分解できるが、不確実性のうち利益に影響を及ぼすものがどれかを理解するためにはこの程度の分け方で十分だろう。たとえば、ショッピングモール内に出店する場合、ショッピングモール内ではないことを除いてすべて条件が同じの別の店と比べて販売数は増えるだろう。さまざまなものが買えるショッピングモールには、潜在顧客が多く集まる（ショッピングモールは、本質的に両面プラットフォームである）。しかし、ショッピングモール内ということは同じでも、近隣の収入レベルなどのさまざまな要因により、付けられる値札はまちまちになる。

さて、過去に出したすべての店が出した利益の履歴情報が含まれたデータセットがあったとする。このようなデータがあるときに取れる戦略は2つある。立地によって異なる要素の関数として期待利益（先ほどの式の左辺）を直接推定するか、立地ごとに右辺の個々の要素を推定し、それらを組み合わせて利益を推定するかである。どちらにするかは、利益に影響を与える個々の動因をどれだけ精密に推定できるかによる。個々の動因を正確に推定できる場合には、そうしたほうがわかりやすく、不確実性と経済的基礎について真剣に考えざるを得なくなるのでよい。

6.9.5　誰を採用すべきか

誰を採用するかは、不確実性が多数含まれているため、企業が直面する問題の中でももっとも難しいものの1つだ。当面の問題にとって1次的でないものは無視し、次の3つを考えることにしよう。

- 会社の利益に貢献するようになるか。
- 会社に長く在籍するか。
- チームになじみ、会社の価値観にうまくフィットするか。

これらの問いに答えることの難しさについてはすでに触れている。たとえば、月間または四半期ごとの販売数のような数字にはっきりと出る指標があるか、それとも上司による人事考課や360度評価のようなふわっとした指標に頼らざるを得ないか。これらの問いに対する答え次第では、私たちのデータに対する期待が高まるだろう。

　営業部門への応募者の場合について考えてみよう。この場合、個人レベルの業績を直接観察できるので、貢献度指標がしっかりしているのが利点である。先ほど挙げた不確実性のうちの最初の2つを考慮に入れ、個々のセールスパーソンは在職期間中現在と同じように会社の利益に貢献すると推定する。つまり、**従業員生涯価値（ELTV：Employee Lifetime Value）**である。さしあたり、第3の不確実性は無視することにしよう。

　営業部門全体で貢献度に大きなばらつきがあるのはなぜだろうか。背後に潜む不確実性をざっくりと把握したいなら、その要因を理解する必要がある。たとえば、大きくて優れたネットワークを持っているとか、会社の商品の理解が深いとか、コミュニケーションスキルが高いとか、性格的にやる気が出るタイプだといったことである。これらやその他あなたが大切だと思う要因を事前に、つまり採否を決める前に評価する必要がある。それらの要因についてよく考えれば、精度の高い面接を準備できるはずだ。

　言うは易く行うは難しだが、モデルがさまざまな職務、地位で従業員生涯価値を予測できるものになっているかどうかを以前よりは適切に評価できるようになっているはずだ。繰り返しになるが、異なるタイプの応募者に平等なチャンスを与えたいので、データにかならず潜んでいる大きなバイアスには**細心の注意**が必要だ。

　先に進む前に、第3の不確実性について簡単に触れておきたい。応募者が会社やチームにうまくフィットするかどうかを事前に評価するためにはどうすればよいのだろうか。まず、なぜそれが気になるのかを自問自答するところから始めよう。おそらく、フィットしなければ、本人の成績が平均以下になったり（成績はやる気次第だが、そのやる気やエネルギーレベルは職場、チームメート、上司などに満足しているかどうかによって決まる）、チームの生産性に悪影響が及んだりするということだろう。前者については、すでに簡単に触れたように対処法がある。履歴データを使えばよい。履歴データに心理測定データが含まれていればなおよい。しかし、後者については別の出力指標が必要になる。個人の成績だけではなく、チーム**全体**の成績にも注目しなければならないのだ。これはモデリングが難しく、必要なデータに対する要求も高くなる。なぜだろうか。従業員生涯価値に対応して、チーム生涯価値を計測するとすればどうなるかを考えてみよう。チームは永遠に続くかもしれないが、個々のメンバーが別のチームに移るかもしれないし、辞めてほかの会社に移るかもしれない。原則として、これらの動きについてのデータを持ち、チーム**内**の変化をコントロールできるようにすべきだ。

これは、背後の不確実性が重要な意味を持つことがわかっているが、問題があまりにも複雑なので、単純化、あるいは無視してもよいものの具体例である。少なくとも個人の成績推定に本当に満足できるまでは、チームへの効果は単純化、無視してもよいだろう。

6.9.6 延滞率

もっとも単純なレベルでは、与えられた貸付が完済されるかどうかを知りたい。次のレベルでは、貸付の規模と利率によって完済される割合がどのように変わるかを知りたい。しかし、人が債務不履行に陥る理由は多数あることに注意しよう。たとえば、次の2つの可能性がある。

- 顧客は支払いたいと思っているができないでいる。
- 顧客は資金を持っているが払いたくないと思っている。

これは延滞の理由としては大きく異なり、事前評価のために必要なデータも大きく異なる。前者は顧客の誠実さを推定しており、不確実性は家計に対する短期的中期的な打撃（たとえば、失業、給与遅配、その他医療費などの予想外の出費）にある。それに対し、後者は延滞の動機を探らなければならない。

クレジットスコアリングデータが役に立つかどうかについて考えてみよう。今まで債務不履行を起こしたことのない人はすばらしい履歴データを持っており、このデータから近未来の家計状況の確率推定をするのは難しいだろう。言うまでもなく、今までクレジットの利用を認められたことがない人には、履歴データすらないわけで、今後もクレジットの利用を拒否され続ける。第2のタイプの理由が構造的で死ぬまで変わらない性質を反映していると仮定すれば、クレジット履歴はこの種の延滞者の予測には役に立つだろう。延滞者が他人を食い物にして自分の義務を一貫して無視するタイプの人間なら、クレジットスコアにその傾向が反映しているはずだ。しかし、顧客は自分の扱われ方が不公平だとか、与えられたサービスの質に不満があるといった理由から支払いを拒むことも多い。この場合、クレジットスコアはあまり役に立たないだろう。

6.9.7 在庫の適正化

すでに触れたように、過剰在庫のコストは、ほかの店で失われた販売数という機会

コストや必要以上に貯蔵されることによる直接的な価格の下落などである。それに対し、過少在庫のコストは、その特定の店に十分な在庫がなかったために失われた販売数である。

　以上から考えると、不確実性の主要因は、各期の需要量が読めないことだ。しかし、それで十分だろうか。毎日何個の商品が売れるかが**わかっている**ものとしよう。在庫最適化問題は解決されるだろうか。一般に答えはノーだろう。輸送コストはどうなるか。古くなったための価格下落はどの程度だろうか。盗難リスクはどうか。このように、特定のタイプの不確実性がなくなったらどうなるかを考えると、最初のうちは1次的効果を持つとは思っていなかったほかの要因が急にはっきり見えてくる。そしてそれらが重要な意味を持つことがわかる。

6.10 この章の重要な論点

- **不確実性は遍在している**。複雑な意思決定のほとんどは不確実性をともなう形で下さなければならない。そのため、意思決定の時点では、どのような成果になるかを確実に知ることはできない。不確実性は遍在しているため、不確実性があることは受け入れざるを得ない。

- **確率理論を使えば、不確実性を定量化し、計算に入れられるようになる**。確率理論には習熟すべきだ。確率理論の中核には加法定理と乗法定理がある。加法定理により、1つ以上の事象が発生する確率を計算できるようになる。乗法定理により、複数の事象が同時に発生する確率を計算できるようになり、有名なベイズの定理が導き出される。

- **必要とされる第2のツールは期待値である**。期待値は絶えず使うことになるので、まずその計算方法と操作方法を学ぶ必要がある。確率変数の期待値は、取る値の加重平均で、その値を取る確率が値の重みになる。私たちはよく期待効用を計算することになるので、期待値は重要だ。

- **不確実性がある中で意思決定するために期待効用を計算する**。効用関数を使えば、意思決定にランクを付けられる。効用関数は恒等関数と見なされることが多いので、利益のような確率変数の期待効用は、対応する確率を重みとする加重平均になる。しかし、応用によってはリスク回避を認めるべきなので、その場合は上に凸な関数になるように効用関数をパラメータ化する。

- **AIは不確実性を定量化するためのツールである**。教師あり回帰モデルを使えば、レバーを引くことによる期待効用を直接推定できる。また、分類モデルを使えば、

個々の不確実な帰結が起きる確率を推定し、その推定を期待値計算につなげられる。

6.11 参考文献

不確実性の研究は、確率理論の研究である。確率理論の入門書はいくつもあるが、最初の本としてはシェルドン・ロス著『A First Course in Probability』(Pearson)がよいだろう。初心者よりも上級のレベル向けには、ウィリアム・フェラー著『An Introduction to Probability Theory and Its Applications』(Wiley)(邦訳版『確率論とその応用』紀伊國屋書店)の Volume 1 がよい。この 2 冊を含む確率の初心者向け教科書の大半は、頻度主義的な確率と統計学を説明している。

ベイズ確率理論を学びたいなら、ジョセフ・カダネ著『Principles of Uncertainty』(Chapman and Hall/CRC) が役に立つかもしれない。本稿執筆時点では オンラインで無料で入手できる (https://www.stat.cmu.edu/~kadane/principles.pdf)。E・T・ジェインズ著『Probability Theory: The Logic of Science』(Cambridge University Press) もよいだろう。『Journal of the Royal Statistical Society』に掲載されたデニス・V・リンドリーの "The Philosophy of Statistics" は、基礎的な問題についての優れた論文で、頻度主義とベイジアンの違いを深く論じている (ベイジアンの立場から)。『Statistical Science』に掲載されたピーター・フィッシュバーンの "The Axioms of Subjective Probability" は、主観的確率のさまざまな公理的な導き出し方についての議論を展開している。モリス・デグルート著『Optimal Statistical Decisions』(Wiley-Interscience) には、このテーマについての優れた説明が含まれているほか、ベイズ決定理論の高度な話題が取り上げられている。

頻度主義の信頼区間と P 値の解釈方法についてはオンラインに優れた議論がたくさんある。アンドリュー・ゲルマンのブログ (たとえば、https://oreil.ly/vaIam) にはそれらの文献が多く取り上げられている。

もっと軽い話題になるが、不確実性が科学で果たした役割、特に物理学における不確実性に対する先入観を量子論がどのように打ち破ったかを知りたいなら、デイヴィッド・リンドリー著『Uncertainty』(Anchor)(邦訳版『そして世界に不確定性がもたらされた：ハイゼンベルクの物理学革命』早川書房) を読むとよい。今日に至るまで、科学で本当に不確実な現象をほかに見つけることは困難である。同様に、

ピーター・バーンスタイン著『Against the Gods: The Remarkable Story of Risk』(Wiley) は、不確実性をともなう意思決定の歴史を振り返ったもので、この章で取り上げたテーマの一部について参考になることも多数含まれている。

公理主義的な意思決定理論の古典としては客観主義のJ・フォン・ノイマン、O・モルゲンシュテルン共著『The Theory of Games and Economic Behavior』(Princeton University Press)（邦訳版『ゲームの理論と経済行動』筑摩書房）、主観主義のレナード・サヴェッジ著『The Foundations of Statistics』(Dover) が挙げられるが、これらにまで踏み込む必要はない。参考書としては、デイヴィッド・クレプス著『Notes on the Theory of Choice』(Routledge)やダンカン・ルース、ハワード・ライファ共著『Games and Decisions』(Dover) などが優れている。アリエル・ルービンシュタイン著『Lecture Notes in Microeconomic Theory』(Princeton University Press) にもこのテーマについての優れた説明が含まれている。この本は著者のウェブサイトで登録すれば無料で入手できる。ケン・ミンモア著『Rational Decisions』(Princeton University Press) も読むとよい。

ミクロ経済学の教科書なら、期待効用仮説、リスク回避、その他確率理論の経済学的な応用についての説明はかならず含まれている。私のお勧めはデイヴィッド・クレプス著『A Course in Microeconomic Theory』(Princeton University Press) である。

リスク回避モデルの細かい調整については、『The Journal of Economic Perspectives』に掲載されたテッド・オドノヒュー、ジェイソン・サマービルの"Modeling Risk Aversion in Economics"があるが、先ほど取り上げたカデーンの本にもよい説明が含まれている。プロスペクト理論と損失回避については、『Econometrica』に掲載されたダニエル・カーネマン、エイモス・トベルスキーの"Prospect Theory: An Analysis of Decision Under Risk"に実験的な例が多数掲載されているほか、パラドックスのいくつかに対する代替的な解決方法が書かれている。同じテーマについては、『The Journal of Economic Perspectives』に掲載されたマーク・マキナの"Choice Under Uncertainty: Problems Solved and Unsolved"もある。

ジョン・マイルズ・ホワイト著『Bandit Algorithms for Website Optimization』(O'Reilly)（邦訳版『バンディットアルゴリズムによる最適化手法』オライリー・ジャパン）には、探察と利用のトレードオフについてのすばらしい議論とバンディットアルゴリズムについての実用的な説明が含まれている。少し異なる

が、アレン・ダウニー著『Think Bayes』(O'Reilly)（邦訳版『Think Bayes：プログラマのためのベイズ統計入門』オライリー・ジャパン）のベイズ統計学の説明も実用的に役立ち、ダウンロードして利用できるコードがついている。

　実際の作業では、信頼区間とＰ値という頻度主義統計学のツールを越えたものがほしくなるかもしれない。その場合には、ベイズ統計学の方法を取り入れることが必要になるだろう。入門書としてはアンドリュー・ゲルマン、ジェニファー・ヒル共著『Data Analysis Using Regression and Multilevel/Hierarchical Models』(Cambridge University Press) が優れている。アンドリュー・ゲルマン著『Bayesian Data Analysis』(Chapman and Hall/CRC) もよい。ケビン・マーフィー著『Machine Learning: A Probabilistic Perspective』(MIT Press) は、広く使われている方法の多くにベイズ統計学的基礎を与えるという力技に踏み込んでいる。最後に、大規模に使えるベイズ統計学手法に対する新しい名前、**probabilistic programming（確率的プログラミング）**についての記事をオンラインで検索するとよいだろう。

　顧客離反のモデリングの方法について述べたときに簡単に触れた**ミクロ的に基礎づけられた**離散選択モデルに興味があるならば、ミクロ経済学の教科書を読むとよい。コリン・キャメロン、プラヴィン・トリヴェディ共著『Microeconometrics: Methods and Applications』(Cambridge University Press) がよいかもしれないが、このテーマについてはケニス・トレイン著『Discrete Choice with Simulations』(Cambridge University Press)のほうが詳しい。

　観察研究に含まれるバイアスはすでに研究分野として成熟しており、企業が持つデータからの系統的な**バイアス除去**を支援するというスタートアップ企業さえ生まれている。キャシー・オニール著『Weapons of Math Destruction: How Big Data Increases Inequality and Threatens Democracy』(Broadway Books)（邦訳版『あなたを支配し、社会を破壊する、AI・ビッグデータの罠』インターシフト)、ビッグデータとアルゴリズムの利用がデータに含まれているバイアスを拡大し、社会に深刻な影響を与える倫理的なリスクについて鋭い指摘をしている。

7章

最適化

　今まで説明してきた作業をすべて終えると、ついに**処方的**段階に入る。つまり、可能な限り**最良の**意思決定を下せる準備が整ったということである。少なくともそれは私たちが目指してきたことだ。最初のうちは、個々の問題を理解しやすくするために単純化の前提を置く。この前提は複雑な問題を解くことがそれほど苦にならなくなってきたところで緩和できる。しかし、まず最適化理論の概念の概要をおさらいしておこう。そうしておくと役に立つはずだ。

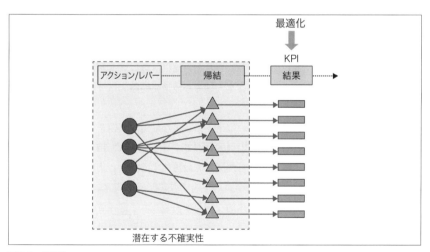

図7-1　最適化

7.1　最適化とは何か

　最適化とは、あらかじめ定義された何らかの目的関数の最小値か最大値を見つけることである。**目的関数**は、みなさんが想像した通りのもので、レバーをビジネス目標

に写像する数学関数である。私たちの目標はできる限り最良の意思決定を下すことなので、最適化理論の知識があれば役に立つのは当然と言ってもよいだろう。

　最適化しようとしている問題が比較的簡単な場合がある。2つの数値（たとえば5と7）から大きいほうを見つけるという問題について考えてみよう。7のほうが大きいことは瞬間的にわかり、対応するレバーがあれば7につながっているレバーを引くだろう。2つのうちのどちらかを選ぶ意思決定では、最適化段階でしなければならないのはこれだけだ。

　有限の多数の数値がある場合でも、それらをソートすれば最大値でも最小値でもすぐに見つかる。少し時間がかかり、手作業ではしないかもしれないが、計算効率のよいソートアルゴリズムがある。しかし、"有限"ではあっても非常に多くの数値のリストをソートしようとすると計算コストが高くなる場合があるので、もっと計算効率のよい方法がほしくなる場合があることに注意しよう。

　有限に見えるのに、最適値を見つけるのが計算困難な問題もある。そういったものの中でも有名なものの1つが**巡回セールスマン問題**である。これは、いくつかの都市とそれぞれの間の距離がわかっているときに、すべての都市を回って出発地に帰ってくる最短ルートを見つける問題である。巡回する都市の数がわずかなら、すべてのルートの距離を調べ上げて最短のものを探せば簡単に答えは見つかる。しかし、この種の組み合わせ問題は、都市の数が多くなると途端に計算コストが高くなる[*1]。これは倉庫、物流を扱う企業が直面するごく一般的な最適化問題であり、数学的好奇心だけの問題ではない。

　データサイエンスの仕事をしていれば、さまざまな最適化問題を処理したことがあるだろう。全部ではなくとも、大半の機械学習アルゴリズムは、**損失**関数であれその他の中間的な関数であれ、何らかの目的関数を最適化する。たとえば、教師あり学習では、モデルをできる限りデータに近づけようとする。そのため、"損失"はモデルの予測とデータの乖離（何らかの全体的な観点から見て）と定義される。最小化問題の正体は**最大化問題**であることが多い。たとえば、損失関数が対数尤度関数を符号変換したものであれば、統計学的な観点からは**最大化**をしていることになる。

　無限に多くの値を扱うことになると、問題はずっと難しくなる。**図7-2**は、比較的単純な例を示している。左側のグラフは、非常に扱いやすい凸関数の目的関数を**最小化**する問題を示している。一般に、目的関数が取る値を y と書いてグラフの縦軸で

表し、決定変数の値、すなわちレバーを x と書いてグラフの横軸で表す。

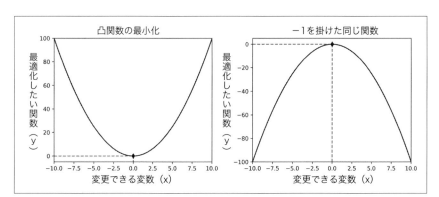

図7-2 単純な最適化問題：最小値と最大値

　この単純な例では、問題をグラフで見れば、目的関数を最小にするためには、$x = 0$ でなければならないことが簡単にわかる。右のグラフは、最大化問題と最小化問題が関連し合っていることを示している。最大値を見つけたいときには、関数に -1 を掛ければよい。しかし、決定変数の範囲が十分大きい場合や決定関数が2個以上ある場合には、視覚的に調べることはできなくなる。

　図7-3は、局所的最小値（■）と局所的最大値（★）を多数持っているため、先ほどよりも扱いにくい関数の例を示している。この**局所的**という言葉は、最適値を見つけたように思っても、ズームアウトして全体像を見ると、関数が減少、増加を続けていることがわかるという状況を表している。私たちが見つけたいのは、本当の最適値を見つけたと言える**大域的**最小値/最大値である。

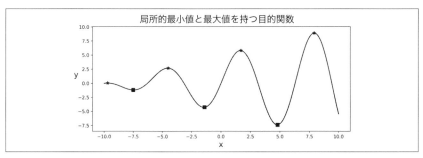

図7-3 局所的最小値/最大値を持つ目的関数

　実際には、私たちは先ほどの図のような最適化問題を解くためにコンピュータを使う。局所的最小値しか見つけられないアルゴリズムが多いので、本当に最適値を見つけたかどうかを慎重にチェックしなければならない。最適解を探せる大域的最適化アルゴリズムもあるが、これらは一般に調整が難しい。

　機械学習で使われるもっとも有名なアルゴリズムは、次の公式に従って現在の最適値候補を反復的に更新していく**勾配降下法**である。

$$x_t = x_{t-1} - \gamma \nabla f(x_{t-1})$$

ここで x_t は、更新後の最適な決定変数の推定値で、 x_{t-1} は更新前の推定値である。 γ は、イテレーションごとにアルゴリズムが進むステップのサイズを調整するパラメータで、 $\nabla f(x)$ は最小化しようとしている目的関数の勾配である。決定変数が1個だけなら、勾配は更新前の推定値で評価された目的関数の導関数に過ぎない。微積分の授業を覚えていれば、**内的**最大／最小値を見つけるためには導関数が0になる位置を探す必要があることを覚えているだろう（これは1階条件である）。

最小化の1階条件と2階条件

微積分学の授業で教わるように、微分可能な目的関数 $f(x)$ があるとき、**最小化のための1階条件**（FOC）とは、 $f'(x^*) = 0$ でなければ、つまり導関数が0でなければ、 x^* に対して $f(x)$ は**局所的**最小値をとらないということである。

それに対し、**2階条件**（SOC）は、 $f''(x^*) > 0$ なら x^* において $f(x)$ は局所的最小値となる。SOCは局所的最小値における関数の曲がり方のこと（下に凸な関数でなければならない）を言っているのに対し、FOCは局所的最小値の前後で関数の値は増減できてはいけないということを言っている。

　これで勾配降下法が機能する理由がわかる。まず、導関数が0になっていなければ、まだ最小値は見つかっていない（FOC）。導関数が0になれば、勾配降下法は停止して更新は起きなくなる。導関数が0でないときには、勾配降下法は最小値を探すための**最良の向き**を教えてくれる。**最小値を探していて現在の推定値で導関数が正なら、新しい推定値は現在の推定値よりも小さく**なければならない（逆方向に行けば、関数はどんどん大きくなっていってしまう）。

　数理最適化アルゴリズムは、勾配降下法のステップパラメータやアルゴリズムをスタートさせるために必要な初期推定値などの追加パラメータに敏感に反応する。

図7-4は、**図7-2**で示した2次関数に対して勾配降下法を実行しているところを示している。パラメータ（初期値とステップサイズ）をあれこれ操作して、この簡単な問題でも最適値を見つけるのは大変だということを実際に体験してほしい。

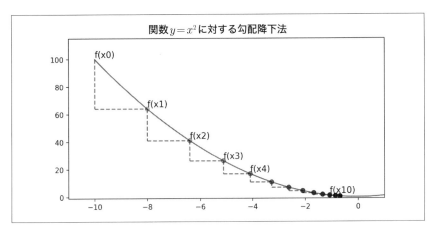

図7-4 勾配降下法の例：$x_0 = -10, \gamma = 0.1$

この図は**例7-1**のコードで作ったものである。

例7-1 勾配降下法の実装

```
def gradient_descent(prev_guess, step, derivative_f):
    '''
    previous_guess( 前の推定値 )、step、derivative-f( 導関数 )の値から
    新しい推定値を返す
    '''
    new_guess = prev_guess - step*derivative_f
    return new_guess

# 勾配降下法を使って目的関数を最適化する決定変数を探す
def quadratic_fn(x):
    '''
    例：y=x^2
    '''
    y = np.power(x,2)
    return y
```

165

```
def quadratic_derivative(x):
    '''
    推定値の更新のために導関数の値が必要
    '''
    dy = 2*x
    return dy


# 初期化が必要な2個のパラメータ
x_init = -10
step=0.2
# アルゴリズムを停止させるためのパラメータ
max_iter = 1000
stopping_criterion = 0.0001
curr_diff = 100
counter = 0
while curr_diff>stopping_criterion and counter<max_iter:
    # 推定値の更新
    x_new = gradient_descent(x_init, step, quadratic_derivative(x_init))
    # 差分、初期値、カウンタの更新
    curr_diff = np.abs(x_new-x_init)
    x_init = x_new
    counter +=1

print(x_new)
```

7.1.1　数理最適化は難しい

　数理最適化は進歩しているが、実際に実行するのはとても簡単だとは言えない。最適化しようとしている関数のことをよく知り、扱いやすいかどうか（最大値や最小値が1つしかないかどうかという意味で）をチェックし、パラメータの複数の初期値を試し、最適化アルゴリズムのパラメータ（たとえば、勾配降下法のステップサイズ）に細心の注意を払う必要がある。

　面倒な数理最適化をなしで済ませたい場合もあるが、ユースケースによっては数理最適化には計り知れないメリットがある。しかし、あとの例で示すように、最適化問題の基礎を考えれば、単純なアルゴリズムを使える場合もある。

7.1.2 ビジネスの現場では最適化は決して新しい問題ではない

　データサイエンスが流行する前は、企業は**意思決定科学者**と呼ばれる人々を採用していた。彼らはまだ機械学習の専門家ではなかったが、目的関数の最適化は得意だった。彼らのバックグラウンドはオペレーションズ・リサーチ、経済学、応用数学といったものであり、在庫の最適化、経路の最適化、価格と売上の最適化といった非常に面白く価値のある問題を解いていた。「4章　アクション、レバー、意思決定」ですでに触れている最後のものについてじっくり見てみよう。

7.1.3 価格と売上の最適化

　話を少し単純化すれば、売上は価格（ P ）と数量（ Q ）の積である。

　売上 $= P \times Q(P)$

　販売数は価格に依存し（ $Q(P)$ 関数によって表される）、需要の法則により通常は下降線になるため、値上げを考えるときには自然な緊張関係が生まれる。価格を上げると、第1項が一対一で上がっても、第2項が下がってしまうのだ。売上が増えるのは、第1の効果が第2の効果を上回るときだけで、そうでなければ、**値下げ**したほうがかえってよい。価格の関数としての売上は、理念的には**図7-5**のようなものと考えられる。この関数からは価格の最適値は50ドルだということが比較的簡単にわかる。

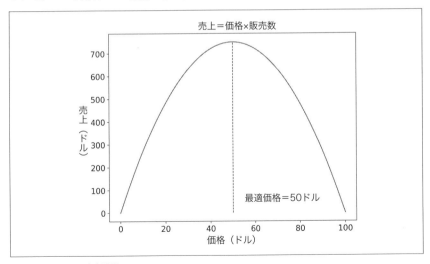

図7-5　扱いやすい売上関数

この関数の最適化が目的なら、どのようなことを知っていなければならないのだろうか。価格の変化に需要がいかに敏感かが理解できていなければ、最適値の左側や右側になる恐れがある。経済学者は、この知識を**需要の価格弾力性**と呼んでいる。

需要の価格弾力性を知りたければ、**決定変数（価格）に関する**売上関数の導関数を求めればよい。ちょっとした代数の操作によって次のことがわかる。

$$\frac{\partial 売上}{\partial P} = Q(P) + PQ'(P) = Q(P) \times (1 - \epsilon)$$

いつもと同じように、$Q'(P)$ は、価格に関する需要関数の導関数を表し、$\epsilon = -P\frac{Q'(P)}{Q(P)}$ は需要の価格弾力性に対応している（需要の法則が当てはまる場合にはかならず正になる）。これは、1%値上げしたときの需要の変化の割合の絶対値と考えることができる。たとえば、価格弾力性が2なら、価格を1%上げると、需要が2%**下がる**。

この数式は、非常に優れた直感によって支えられている。たとえば、1%の値上げをしたとする。ほかの条件は変わらないものとすると、売上方程式の第1項の効果により、売上は1%上がるはずだ。しかし、需要の法則が作用するので、販売数は顧客の価格弾力性によって決まる割合で減る。販売数の減少が1%**未満**なら、値上げのマイナス効果はプラス効果を完全に帳消しにするほど大きくないということであり、売上はまだ上がる。つまり、需要の価格弾力性が**1未満**なら、値上げに意味はある。あとの式に戻ると、値上げ後の売上の変化の方向は導関数の符号によってわかる。需要が負の数になることはないので、符号は価格弾力性が1よりも小さいか大きいかによって決まる。1よりも小さければ売上は上がり（プラス符号）、大きければ値上げは売上にとって逆効果になる。

意思決定科学者と経済学者（およびこの種の問題を扱っているデータサイエンティストの一部）は、最適な価格の設定を目的として、それぞれの商品の需要の価格弾力性の推定にほとんどの時間を費やしている。本書ではこの作業の難しさについて触れることはできないが、章末で参考文献を紹介する。

7.2　不確実性をともなわない最適化

すでに触れたように、**最適化は非常に大変な作業になり得る**が、最初は不確実性をすべて取り除いて問題を単純化してよい。最適化における単純化の威力を知るために、今までに取り上げてきた具体例を使って考えてみよう。

7.2.1 顧客離反

図7-6は、不確実性なしで顧客離反率を下げる方法を考えられる状況を示している。この理想的なシナリオのもとでは、私たちは顧客の本当の状態を知ることができる。顧客の状態とは、確実に離れていくか、確実に留まるか（現状では。将来は事情が変わることがあり得る）、乗り換えを検討しているが十分満足できる優待サービスのオファーがあれば留まるかのどれかである。私たちは魔法の玉を持っているので、離反防止のための優待サービスをどの程度のものにしなければならないか（維持のために必要な最小限）もわかっているものとする。

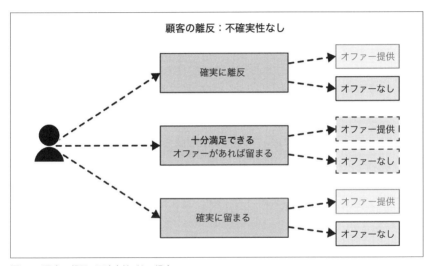

図7-6　顧客の離反：不確実性がない場合

　純粋状態の顧客（確実に離れるか、確実に留まる）には、優待サービスのオファーを**してはならない**。確実に離れる顧客に優待サービスをオファーすれば、機会コスト（時間、戦略を立てるためのチームの労力、より適切な候補を対象としなかったこと）がかかるので、他の顧客を対象とすべきだ。確実に留まる顧客に優待サービスをオファーすれば、顧客はそのオファーを受け入れるだろうが、それが直接のコストになる（たとえば、優待サービスが値下げという形なら、それによって失われる売上）ほか、上の条件と同様の機会コストがかかる。**図7-6**に示すように、これら2つの条件に当てはまる顧客に対しては、優待サービスをオファーしないほうが100%間違いなくよい。

　図7-6の中央の条件に当てはまる顧客は、今取り上げたような顧客よりも面白い存在である。最小限必要な優待サービスがどのようなものかがわかっている（不確実性はないことになっていることを思い出そう）ので、このビジネスケースを成功させるためには、実施による売上増が少なくとも優待サービスのオファーのためにかかるコストよりも多くなければならない。顧客の中には、最小限のサービスで十分な人もいれば、引き留めようとしても利益にならない人もいる。

　不確実性を取り除いた問題を解くと、考えが明確になり、どのようなレバーを引くべきかがはっきりするだけでなく、問題にとってもっとも重要な不確実性がどこにあるかも明確になる。

顧客離反問題では何を最適化しようとしているのか

　不確実性を取り除いたときに最適化すべき目的関数を明らかにしよう。v という売上増（顧客が会社のもとに留まれば得られるはずの将来の収益ストリーム）があるなら、コストのかかる優待サービス（c というコストがかかる）をオファーしてもよいと思っていることを思い出そう。

　すると、個々の顧客タイプについて次のことが言える。

確実に離れていく顧客の場合

　どんな優待サービスをオファーしても顧客は離れていくので、利益は次のようになる。

$$利益 = 0 - c = -c$$

かならず損失が発生するので、オファーが最適な選択肢になることは決してない。

確実に留まる顧客の場合

　いずれにしてもその顧客は会社の商品を買い続けるので、利益はかならず減る。

$$利益 = 0 - c = -c$$

この場合もオファーが最適な選択肢になることはない。

オファーの内容次第で離れていく顧客の場合

顧客がオファーを受け入れ、会社の商品を買い続ける場合、次の利益が得られる。

$$利益 = v - c$$

不確実性がないので、満足してもらえる最小限度の優待サービスがどれだけのものかは顧客ごとにわかっている。この種の顧客に対しては、顧客が優待サービスに満足し、利益が出るときに限り、サービスをオファーするのが最適な方法である。

7.2.2 クロスセル

図7-7は、不確実性なしでクロスセルの効果を考えられる状態を示している。この場合、引けるレバーは4本ある（さしあたり、レバーは提供できる別の製品だけだと考えることにしよう）。どうすればよいだろうか。

不確実性がどこにあるかをはっきりさせるために、この図には、個々の商品をオファーされたときの顧客の反応がすでに示されている。商品1、2、4は受け入れられ、どれもプラスの価値を生み出す。商品3は拒否されるので、オファーのための機会コスト（たとえば、マーケティング部門への支出）を考慮に入れると、価値はマイナスになる。

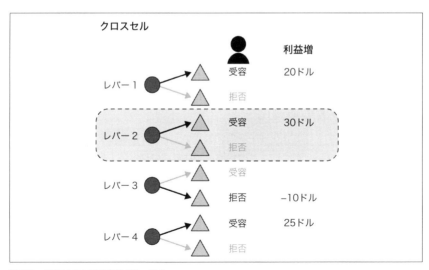

図7-7 クロスセル：不確実性がない場合

　顧客が追加で買う商品は1つだけだと仮定した場合、**ネクストベストオファー**はどれだろうか。利益増が最大になるのは第2の商品なので、それをオファーするべきだということはすぐにわかる。この条件は明らかに単純化しすぎだが、最大のトレードオフをはっきりと示してくれる。拒否されるような商品をオファーすれば、直接のコストと**正しい**商品をオファーしなかったことによる機会コストがかかる。受け入れられる商品をオファーする場合、利益が最大になるものをオファーしているかどうかが問題になる。そうではない場合、競合他社が歓迎する機会コスト（失われた収益）が生まれる。

　この問題は、不確実性のないままもっと複雑にすることができる。顧客が複数の商品を買う気がある場合、それらをまとめてオファーすべきか、いやさらに一歩進めてそれらを1つの商品にまとめて全体として割引すべきかどうか。答えは条件によって変わる。競合他社がそれらの一部または全部を提供できる場合（たとえば同じ価格で）、機会コストが発生するので、まとめ買い商品を作ることは有効な手段になる（規制上認められるなら）。扱っている商品が複雑なので、どの順序で商品を売るかが意味を持つ場合、クロスセルには慎重になるだろう（競合他社にも同じ制約がかかるので）。

　覚えておくべき重要なポイントは、受け入れられそうにないオファーをすることにはコストがかかることだ。マーケティングコストやリードを生み出し、リードに接触するためのコストなどの直接的なコストだけでなく、見過ごされがちな機会コストもある。たとえば、情報過多の機会コストだ。顧客にメールを送り続けていると、顧客はそのうちにメールを見ないで機械的に捨てるようになる。それにより、貴重な営業、コミュニケーションチャネルが失われるのである。

7.2.3　CAPEXの最適化

　複数の異なるバケツにどれだけずつ投資するかを決めなければならないという資本投資の問題に戻ろう。たとえば、どの地域にどれだけの投資をするかを決めなければならないときだ。これからこの例を話題にするときには、地域別の投資のことを考えているものとする。

　前章で示したように、資本支出が個々の地域の売上に与える効果は、次のように表すことができる。

$$売上\,(x) = P \times Q \times (1 + g(x))$$

　ここで、 $g(x)$ は、投資を増やすことによる販売数の成長率である。不確実性がないという前提なので、成長率は既知のものとして扱える。**図7-8**は、2通りの方法で成長率をモデリングしている。ここでは、次の形に一般化されたロジスティック関数を使って成長率をパラメータ化している。

$$g(x) = A + \frac{K - A}{(C + Qe^{-Bx})^{1/\nu}}$$

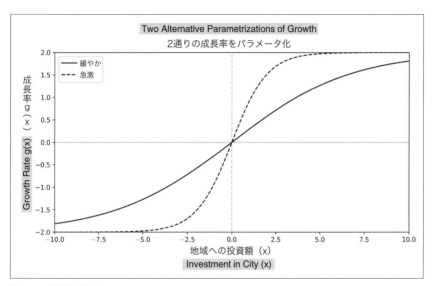

図7-8　2種類の成長率

　このグラフは、**例7-2**のコードで生成したものである。

例7-2　CAPEXの最適化のために仮定したロジスティック関数による成長

```
def logistic_growth(x, A,K,C,D,B,nu):
 '''
 一般化されたロジスティック関数
 '''
 return A + (K-A)/(C + D*np.exp(-B*x))**(1/nu)

# グラフの生成
fig, ax = plt.subplots(figsize=(10,5))
```

```
x = np.linspace(-10,10,100)
y1 = logistic_growth(x, A=-2,K=2, C=1, D=1, B=0.3, nu=1)
ax.plot(x,y1, color='k', label='slow')
y2 = logistic_growth(x, A=-2,K=2, C=1, D=1, B=1, nu=1)
ax.plot(x,y2, color='k', label='fast', ls='--')
ax.plot([-10,10],[0,0], color='k', alpha=0.2)
ax.plot([-10,10],[2,2], color='k', alpha=0.2, ls='--')
ax.plot([-10,10],[-2,-2], color='k', alpha=0.2, ls='--')
ax.plot([0,0],[-2.1,2.1], color='k', alpha=0.2, ls='--')
ax.axis([-10,10,-2,2])
ax.set_title('Two Alternative Parametrizations of Growth', fontsize=18)
ax.set_xlabel('Investment in City (x)', fontsize=18)
ax.set_ylabel('Growth Rate $g(x)$', fontsize=18)
ax.legend(loc=2, fontsize=12)
```

　成長のモデリングのためにロジスティック関数を使うことには、いくつもメリット
がある。まず、漸近線によって成長率の限界を設けられる。この場合は、−2から2
までだ。成長率に限界を設けることには、リアルだ（少なくとも短期的に）というこ
と以外にも、売上全体に限界を設けられるために最適化問題自体がもっともらしくな
るという利点がある。また、ロジスティック関数は滑らかなので、どこでも問題なく
導関数が得られる（しかも、この場合は分析的に導関数を見つけられるため、計算が
高速になる）。最適な配分を見つけるという面倒な仕事をコンピュータに任せるとき
には、これは重要なポイントだ。

　しかも、決定変数が負の値を取れるので、地域に対する投資額を引き下げたときの
マイナスの効果も表現できる。たとえば、ある地域の店舗を閉じて、別の地域に店舗
を開く場合について考えてみよう。この閉店は、その地域での売上全体に影響を及ぼ
すが、このモデルならそれも表現できる。重要なのは一部の地域への投資を止めるこ
とが**最適な場合がある**ことだが、このモデルはそのようなシナリオも表現できる汎用
性を持っているのである。

　しかし、このグラフからは、ある別の力が働いていることもすぐに感じ取ることが
できる。地域に投資を始めた最初の頃には成長率が急速に上がっていくのに対し、あ
る地点を過ぎると**収穫逓減の法則**が効き始め、投資額を増やしても得られる効果が下
がっていくのである（最終的には効果はなくなる）。

　グラフには、収穫逓減の法則の効き方が異なる2種類の曲線が描かれている。**緩や
かな**成長を示すグラフでは、地域が成長可能性の上限に達するまでにかかる投資額が

もう一方より大きい。もう1つのグラフでは、初期段階での成長の加速度が高く、その後急激に鈍化する。

以上の前提条件のもとでは、全体の売上はすべての地域の売上の合計である。

$$\max_{x_1, x_2} 総売上 (x_1, x_2) = P_1 Q_1 \times (1 + g_1(x_1)) + P_2 Q_2 \times (1 + g_2(x_2))$$

ただし、 $x_1 + x_2 = \text{CAPEX}$.

原則として、成長率は地域によってまちまちになり得るので、成長率変数に地域ごとのラベルを与えていることに注意しよう。また、これは予算全体を各地域に振り分けなければならないという条件付き最適化問題でもある。それ以上の制限はないので（投資額が正でなければならないなど）、地域からの**投資の引きあげ**も認められる。

2つの地域から始めたため、最適化問題の根本的なトレードオフを理解できたし、目的関数を目で見て確かめることもできる。予算は使い切らなければならないので、この2変数問題は、一方の地域（たとえば x_1 ）だけで決まる問題にすることができる。 $x_2 = \text{CAPEX} - x_1$ という関係を利用して目的関数を書き換えればよい。

図7-9は、2つの地域の規模と購買力がまったく同じだという条件（そのため、売上方程式の中の平均価格は同じであり、初期販売数も同じにできる）のもとで目的関数がどうなるかを示している。成長率のパラメータを変えた2本の線を描いているが、変えたのは**図7-8**のときと同様に、加速度だけである。

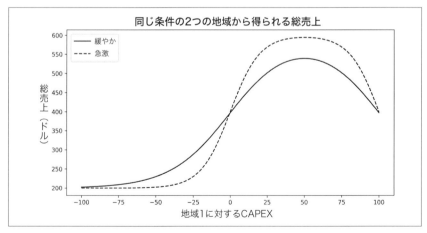

図7-9 同じ条件の2つの地域から得られる総売上の推移

直感（そしてもちろんコード）をテストできるため、2つの地域で条件を揃えるのは作業の始め方としてよい。ここでは総予算を100ドルとし、地域1に対する投資額の関数として総売上を描いている。地域1にすべての予算を投入することも、すべての資本を引きあげることもできる（$-100 \leq x_1 \leq 100 = \mathrm{CAPEX}$）。

図が示すように、2つの地域はまったく同じなので、最適な配分方法も両方で同じにすることだと予想される（片方への投資を増やす理由があるだろうか？）。実際に、成長率のパラメータがどちらでも、最適な投資は $x_1* = x_2* = 50$ になっている。

数理最適化を使う事もできるが、この場合、経済的な条件が単純なので、3つ以上の地域に簡単に一般化されるアルゴリズムを作ることができる。考え方は次のようになる。投資できる額が1ドルしかなかったとする。1ドルは地域1か地域2に投資できる（会計の基本単位なので、1ドルを分けることはできない）。どちらの地域に投資すべきだろうか。単純な経済的直感から言えば、売上の増分（限界収益）が大きいほうに投資すべきだ（どちらにしてもコストの増分は同じで1ドルである）。そこで、その通りに適切な地域のほうに投資する。売上の増分が同じなら、どちらでもよいので、たとえば地域1に配分する。

ここでCFOが配分できる額をもう1ドル増やしたとしよう。ここでも直感される最適な配分方法は同じである。売上の増分が大きいほうの地域に与えるべきだ。しかし、条件が少し変わっていることに注意しよう。私たちは地域1に**最初の1ドルをすでに配分している**。成長率が収穫逓減の傾向を示している場合、地域1にもう1ドル与えても、売上の増分は小さくなる。そして、実際の成長率によっては、売上の増分は地域2よりも大きくなったり小さくなったりする。

そこで、各イテレーションで収益の増分が大きいほうに1ドルを配分してから、各地域の現在の投資総額を更新し、予算を使い切るまで同じことを繰り返すというアルゴリズムを使ってみよう。このアルゴリズムは、条件を満足させながら3つ以上の地域に簡単に一般化できるだけでなく、一貫して基本的な経済学的な推論の方法に従っており、わずかな変更を加えるだけで投資の最適な引きあげまで射程に入れられるので、ビジネスステークホルダーに説明しやすいという点でも優れている。次のPythonコード（**例7-3**）は、このアルゴリズムの実装例である。

例7-3 CAPEX配分の最適化という問題の反復処理による解法

```
def revenues_in_city(x,**kwargs):
    '''
    投資(x)の関数として売上を計算する
    注意：キーワード引数(**kwargs)を使うと、成長(A,K,C,Q,B,nu)と
    価格、収益をパラメーター化できる
    '''
    P,Q,A,K,C,D,B,nu = kwargs['P'],kwargs['Q'],kwargs['A'],kwargs['K'],
                        kwargs['C'],kwargs['D'],kwargs['B'],kwargs['nu']
    revenues = P*Q*(1+logistic_growth(x, A,K,C,D,B,nu))
    return revenues


def find_the_optimum_iteratively(CAPEX, **kwargs):
    '''
    売上の増分(限界収益)がもっとも大きい地域に1ドルを配分する
    '''
    # 地域差に対応するためにパラメータを導入する
    p1,q1 = kwargs['P1'],kwargs['Q1']
    p2,q2 = kwargs['P2'],kwargs['Q2']
    B = kwargs['B']
    # 追加の振り分けを保存するための配列を初期化する
    optimal_assignments = np.zeros((CAPEX,2))
    for x in range(CAPEX):
        # 追加の1ドルを配分したときの両地域の売上を計算する
        # 今までの投資額(ある場合)の合計を計算する
        x_init1, x_init2 = np.sum(optimal_assignments[:x,:], axis=0)
        # テスト対象の配分：現在の配分+1
        x_test1, x_test2 = x_init1+1, x_init2+1
        # 限界収益：rev(x+1)-rev(x) を計算する
        marg_rev1_x = (revenues_in_city(x_test1,P=p1, Q=q1, A=A, K=K, C=C,
                        D=D, B=B, nu=nu)-
                        revenues_in_city(x_init1,P=p1, Q=q1, A=A, K=K, C=C,
                        D=D, B=B, nu=nu))
        marg_rev2_x = (revenues_in_city(x_test2,P=p2, Q=q2, A=A, K=K, C=C,
                        D=D, B=B, nu=nu)-
                        revenues_in_city(x_init2,P=p2, Q=q2, A=A, K=K, C=C,
                        D=D, B=B, nu=nu))
        print('Iteration ={0}, rev1 = {1}, rev2={2}'.format(x,
                marg_rev1_x, marg_rev2_x))
```

```
# 両者が同じなら、どちらに配分してもよい
if marg_rev1_x==marg_rev2_x:
    optimal_assignments[x,0] = 1
elif marg_rev1_x>marg_rev2_x:
    optimal_assignments[x,0] = 1
elif marg_rev1_x<marg_rev2_x:
    optimal_assignments[x,1] = 1
# 反復処理が終了すると、各イテレーションでの配分方法の完全な記録が残る
return optimal_assignments
```

図7-10は、条件が同じ2つの地域に新たな1ドルをどのように配分したかの記録である。最終的に配分額が同じになることに注意しよう。今までのグラフが示していた最適な配分方法と同じように、両地域に50ドルずつが与えられている。

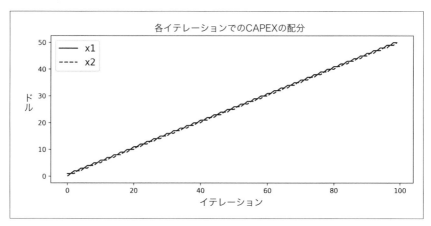

図7-10　反復処理による最適化問題の解決

2つの地域が同じというもっとも単純な条件のもとでの解が満足できるものだったので、一歩進んで条件が異なる2つの地域でどうなるかを考えてみよう。たとえば、購買力は同じだが、片方の市場はもう片方の10倍の大きさ（販売数から見て）だという2つの地域ではどうなるだろうか。あなたはどう予想するだろうか。

図7-11の左のグラフは、市場規模（Q）以外の条件がすべて同じ2つの地域に投資しているときの総売上を示している。この場合、小さいほうの地域（地域1）への配分を減らすと最適な配分が得られることがわかる。これは、大きな地域に投資したほうが限界収益が大きくなるからだ。しかし、大きな地域に予算を全部つぎ込んでいるわ

けでは**ない**。収穫逓減の法則が働いて、大きいほうの地域に配分を増やした効果がだんだ小さくなるのである。各イテレーションで新たな1ドルがどちらに配分されているかは、右のグラフを見ればわかる。最初の72ドルは大きいほうの地域に配分されているが、ここからは収穫逓減の法則が効いている。

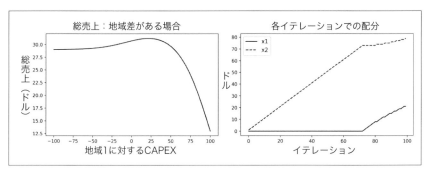

図7-11 条件が異なる地域（地域2のほうが市場規模が大きい）が生み出す総売上とCAPEXの配分

　地域2のほうが10倍も大きいのに、最適な配分が10倍にならないのはなぜか不思議に感じるかもしれない。これは、ビジネスステークホルダーがかならず質問してくるタイプの疑問であり、モデルの動作を完全に理解していないと答えられないタイプの問題でもある。疑問が何らかの線形性を想定しているのに対して、成長率は決して線形にはならないことに注意しよう。成長には限界がある上に、私たちのモデルには、投資から得られる収益が下がることが最初から組み込まれている。

　先に進む前に、ビジネスの世界ではこのような最適化問題が無数にあることに注意を向けておこう。たとえば、マーケティングの分野には、さまざまなチャネルにどのように資金を投入すればよいかという問題がある（有名なMMM：マーケティング・ミックス・モデリング問題）。さまざまなチャネルの成長率やROI関数がわかっていれば、同じような方法で最適化解が得られる。あとはデータサイエンティストに卓越した機械学習のスキルを発揮してもらってこれらの関数を推定してもらえばよい。

7.2.4　人員規模の最適化

　本書全体で強調してきたことだが、処方的段階では、目的関数の選択がきわめて重要であり、目的関数はビジネス目標と直接つながっているものでなければならない。人員規模の最適化の問題では、このことが特に強く感じられる。

　問題名からもわかるように、何らかのビジネス目標を最大限に達成するために最適

な従業員数を知りたい。そのようなビジネス目標は、たとえば会社の利益など、いくつも考えられる。ざっくりとした印象では、ほとんどの企業がこの最適なレベルよりも**多くの**人々を雇っているので、労働力の規模を最適化できればとても大きな意味があるのではないだろうか。答えはもちろんイエスだ。しかし、従業員1人当たりの生産性を計測する正確で信頼性の高い方法が容易に見つからないため、この問題は非常に難しい。そのような方法があれば、最適化のルールははっきりしている。従業員を採用することによって、その人件費よりも大きく売上が伸びるなら、採用すべきだ。

　そこで、1人当たりの生産性の計測方法が比較的簡単に得られる別の目標について考えてみよう。それは店に配置するレジ係の最適な数を見つけるという問題である。レジ係の生産性は、単位時間当たりにさばける顧客数によって計測できる。そのため、この指標は、顧客のレジ待ち時間にもっとも直接的に影響を与える。あとで、レジ待ち時間が顧客満足度に与える影響という観点からこれを業績に結びつけていくつもりだが、さしあたりはレジ待ち時間を短縮すること自体を目標とする。

　1店舗から始める。待ち行列問題を高いレベルで図示すると、**図7-12**のようになる。顧客は λ （単位時間当たりの顧客数で計測する）という割合で店に入ってくる。そして、個々のレジ係は単位時間当たり μ 人の顧客をさばく。そのため、n 台のレジを開けば、単位時間当たり $n\mu$ 人の顧客が店を出ていく。単位時間は私たちが定義できるが、業務上の制約の影響を大きく受ける。たとえば、単位時間を5分として最適人員問題を解くことは不可能ではないかもしれないが、一般にそのような短い時間間隔で違いを生み出そうと考えるのは現実的ではない。

　レジ係の人数（私たちの決定変数）以外の数値はどれも不確実だということに注意しよう。入店のペースは需要によって左右され、一般に時間的なパターンがある（ピーク時、昼休み、ウィークエンドなど）。サービス率は、レジ係個々人の生産性によって左右される。それはレジ係ひとりひとりによって違うだけではなく、1日の中の時間帯によって同じ個人でも差が生まれる。しかし、私たちはまずすべての不確実性を取り除くことにしているので、これらはみな既知の決まった値になると仮定する。

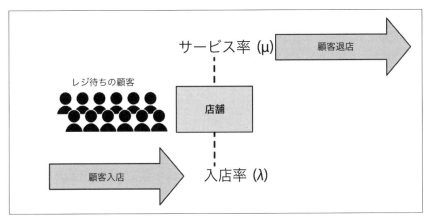

図7-12 待ち行列理論の基本概念

　いつもと同じように、不確実性のない問題を解くためには、まず単純化のための仮定を設ける必要がある。まず、顧客は1列に並び、早いもの勝ちでサービスを受けるものとする。これは待ち行列のデザインである。また、顧客はレジ待ちの行列が長くても店を出ていかないものとする（無限の忍耐力を持っている）。さらに、顧客は各単位時間のスタート時に入店するものとする。単位時間を1時間とする場合、その単位時間の顧客は全員単位時間の0分に入店する。

　先に進む前に、前提条件の正当性と影響について考えよう。待ち行列の実装の細部は私たちが自由に決められ、それが影響を与えることはない。つまり、レジごとに別々の行列を作ることにしても、これからの分析が間違いになることはない。顧客の忍耐力を無限と仮定するのは、数学的な都合である。待っている顧客の待ち時間だけを考慮することにしたほうが簡単だ。顧客が列を抜け出すと、レジ待ち行列の長さ（および以後の待ち時間）が変わるだけでなく、平均待ち時間の計算が難しくなる。早期離脱のために短縮された待ち時間の扱い方を決めなければならなくなるのだ。

　顧客が単位時間のスタート時にやってくるという最後の前提条件は重要な役割を果たし、私たちの分析は間違いなく待ち時間を**過大評価**することになる。このような仮定を設けたのは、全員の時計が同時にスタートすれば（共通の時計を使えれば）、待ち時間を計算しやすくなるからだ。そうでなければ、顧客が入店するたびに新たに時計をスタートさせなければならない。顧客が一様な間隔で入店し、最初の10分に6人、20分に12人のように時間の経過とともに顧客の一定割合が入店するという条件でもよいだろう。この前提条件については、この待ち行列モデルの性質の一部を検討

するときに改めて触れる。

　単位時間を1時間とするごく単純な例から考えてみよう。入店率は $\lambda = 100$ 、つまり1時間に100人の顧客が入店するものとする。個々のレジ係は1時間当たり20人の顧客にサービスを提供し（$\mu = 20$）、これがサービス率になる。つまり、1人の顧客のレジ打ちのために3分かかるということである（これはサービス率の逆数、$1/\mu$である）。

　図7-13は、レジ係の人数を $n = 4, 5, 6$ にしたときの待ち行列の重要な性質を示している。一番上のレジ係が4人の場合について考えてみよう。すべてが決定論的なので、この60分に入店したひとりひとりの顧客（○で表されている）の待ち時間はわかっている。○の色の濃さは待ち時間の長さを表している。

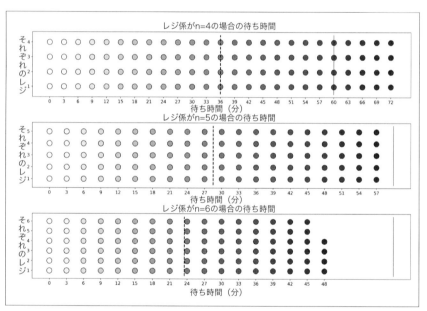

図7-13　レジ係の人数を3通り（n = 4, 5, 6）にしたときの待ち行列。個々の○は顧客を表し、その色の濃さは待ち時間を表している（色が薄ければ待ち時間は短い）

　もっとも左に描かれている最初の4人の顧客はすぐに計算してもらえるので、待ち時間はないことに注意しよう。4人のレジ係は、1人の顧客のレジ打ちを終えるためにちょうど3分ずつかかる。3分経つと、次の4人の顧客がレジを打ってもらえる。2列目の4人はレジ打ちが終わるまで6分待ち、3列目はさらに3分余計に待つ。その1

時間に入店した100人の顧客はそのようにしてレジ打ちをしてもらう。顧客全員の待ち時間の平均を取ると、36分待つことになる（破線の縦線）。そして、顧客の1/5以上は**1時間以上**待たなければならない。1時間とは、新たな100人の顧客が入店するまでの時間である（実線の縦線）。

$\lambda > n\mu$ なら、このように単位時間で入店者全員のレジ打ちが終わらないため、2つの単位時間の顧客が重なり合い、行列はどんどん長くなっていってしまう。$n = 5$（中央）なら、単位時間内に入店した100人全員のレジ打ちを終えられ、平均待ち時間は28分30秒に短縮される。顧客がレジ打ちのために待たなければならない3分を含めると、この例のように $\lambda = n\mu$ なら、すべての顧客のレジ打ちのためにちょうど60分かかるということになる。この場合、行列が際限なく延びていくことはなく、システムは均衡（安定状態）に入る（それに対し、行列が長くなり続けるなら、待ち時間も際限なく延び続ける）。

一番下の図は、均衡に達するために必要な人数よりも多く（$n = 6$）のレジ係を配置したときにどうなるかを示している。平均待ち時間は短くなり続け（この場合は23分強）、レジ係が5人のときと同じように、単位時間内に全員のレジ打ちが終わる。レジ係を増やしてこのように余裕が生まれると、各単位時間に空き時間が生まれることに注意しよう。費用効果を最適化するための分析では、この空き時間を計算に入れなければならない。

以上をまとめると、レジ係の数がレジ待ちの行列を解消できる最少人数よりも少ないと、待ち時間は際限なく延びてしまう。上の図の場合、第2陣の顧客が入店したとき、その中の最初の4人であっても、レジ打ちしてもらえるまで15分待たなければならない。第3陣以降の顧客がやってきたときにどうなるかはわかるだろう。その店は文字通り閉店できなくなる。

レジ係を4人から5人に増やすと、限界収益（顧客の待ち時間で計算される）は莫大なものになる。レジ係を5人から6人に増やすと、待ち時間は5分近く短くなる。**図7-14**は、レジ係を50人まで増やすと、このような待ち時間の短縮効果がどうなるかを示している（50人なら平均待ち時間は1.5分になる）。このグラフは、**例7-4**のコードを使って作られている。このようにレジ係を増やしていけば、利益は増えていくのだろうか。

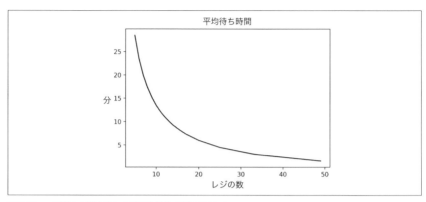

図7-14 レジ係の人数を増やせば平均待ち時間は短くなる

例7-4 決定論的な最適人員問題での待ち時間の計算

```
def compute_waiting_time_deterministic(entry_rate, service_rate, n_cashiers):
    '''
    entry_rate, service_rate, n_cashiersを指定する
    決定論的な条件のもとで待ち時間をシミュレートする
    '''
    # 決定論的な最適人員問題で
    # 平均待ち時間を計算するためのDataFrameを作る
    n = n_cashiers
    time_per_customer = 1/service_rate
    # DataFrameに結果を保存する
    # number_of_rows：同時にレジ打ちを受けるn人組の数(待ち行列の最初の長さ)
    number_of_rows = int(np.ceil(entry_rate/n))
    df_simu = pd.DataFrame(n*np.ones((number_of_rows, 1)), columns=['customers'])
    # 行列に含まれる顧客の数がentry_rateと等しいことをチェックする
    cum_sum = df_simu.customers.cumsum()
    diff = df_simu.customers.sum()-entry_rate
    df_simu.customers.loc[cum_sum>entry_rate] -=diff
    # 各組がレジにたどり着くまでの待ち時間
    df_simu['wait_time'] = df_simu.index*time_per_customer
    # 各組の全体に対する割合
    df_simu['frac_waiting'] = df_simu.customers/entry_rate
    # 各組の待ち時間x各組の全体に対する割合
    df_simu['frac_times_time'] = df_simu.frac_waiting*df_simu.wait_time
```

```
# 上の値を累計していく ( 最後の値が平均待ち時間になる )
df_simu['cum_avg'] = df_simu.frac_times_time.cumsum()

return df_simu
```

```
results_df = compute_waiting_time_deterministic(entry_rate=100, service_rate=20,
        n_cashiers=5)
avgwt = results_df.cum_avg.iloc[-1]
print('Average Waiting Time (minutes) = {0}'.format(avgwt*60))
```

利益が増えるかどうかは、レジ係を増やしたことによる待ち時間の短縮の効果が人件費の増加分よりも多いかどうかによって決まる。グラフが示すように、レジ係を増やすことによる待ち時間の短縮効果は次第に**小さくなる**。それに対し、レジ係を追加するたびに増える人件費がたとえば一定だとすると、利益が最大になる最適な人数がかならず見つかるという意味で、この最大化問題は扱いやすくなる、

ここで、すべての顧客が単位時間のスタート時に入店するという前提条件について再び考えよう。この前提条件を設けると、実際には単位時間内で顧客の入店が分散しているなら（たとえば一様に）、一部の顧客について待ち時間を**過大評価**することになる。具体的に考えよう。レジ係が6人いるとき（**図7-13**の一番下の図）、レジ打ちしてもらえるのが最後になる4人のことを考えてみよう。私たちの前提条件のもとでは、彼らはレジ打ちしてもらえるまで48分待つことになるが、実際には顧客が一様に分布して入店してくるなら、彼らは最後の10分、つまり**誰も行列していない**時間帯に入店しているはずであり、待ち時間は0になるはずだ。

不確実性のない問題を解くのは、結果のもっとも大きな動因が何かについての直観を磨くためだということを思い出そう。ならば、ここでこの段階の考察を終了し、不確実性をともなう状況で問題を解くところに進むべきかもしれない。それでも、ここでもっと見通しをよくしておきたいというなら、できることがいくつかあるので、その中のどれかを選べばよい。第1は、過大評価した時間の平均を推定してみることだ（たとえば、均等な間隔での入店を前提として）。しかし、これでは不確実性なしで問題を解いた意味がなくなるだろう。第2は、ビジネス上の立場から見て意味があるところまで単位時間を細分化してみることだ。均衡の条件（ $\lambda = n\mu$ ）が維持されるなら、ある入店時間の顧客集団とほかの入店時間の顧客集団は無関係である（すべての顧客が単位時間内にレジ打ちしてもらって帰るため）。だから、たとえば単位時間を

30分にして問題を解いてみるとよい。第3は、顧客ごとに独立した時計を設けることだ(現在の小売業は、それぞれの待ち行列問題で実際にそうしている)。

最後に、待ち時間を業績に変換する必要がある。不確実性のない世界では、少なくとも概念的には変換は比較的簡単である。待ち時間はカスタマーエクスペリエンスという観点から重要な意味があり、不満を感じた顧客はいつでも競合他社の店に乗り換えられる。それにより、私たちの将来の売上は下がるわけだ。平均待ち時間を離反率に変換する計算式があるなら、レジ係を増やすためにかかるコストとレジ係を増やしたことによって流出を防げた売上を比較でき、この最適化問題は解決可能になる。

しかし、これは考えられる目的関数の中の1つに過ぎない。目的関数の重要性を際立たせるために、利益の最大化ではなく、**全店舗を通じて**同じカスタマーエクスペリエンスが得られるようにすることを目的とする場合について考えてみよう。すべての店舗について、平均待ち時間とレジ係の関係はすでにわかっているので、最適化アルゴリズムは、均衡に達するまで、地域でもっとも成績が優秀なレジ係ともっとも成績の悪いレジ係を交換していく。ここで最小化を目指している指標は、成績のよいレジ係と成績の悪いレジ係の待ち時間の差である。

7.2.5 最適な出店先の選定

決まった年間予算を使い切るという前提で、新店舗の開店を検討しているものとする。不確実性がなく、緯度経度(lat, lon)がわかっているいくつかの候補地があるなら、この問題は簡単に解ける。出店コストを計算に入れた将来利益の大きさの降順にすべての候補地を並べ、予算を使い切るか、赤字になる候補地にぶつかったところで候補地選定を中止すればよい(**図7-15**参照)。

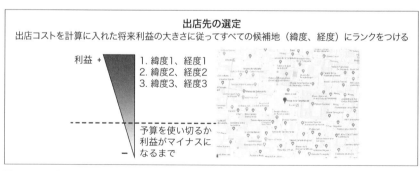

図7-15 最適な出店先の選定

　（有限個の）あらかじめふるいにかけられた候補地が選ばれていたので、この問題は不確実性がなく簡単だった。そのような候補地リストがなければほとんど無限の数の候補地があるので（地図に掲載されている緯度経度の組み合わせの数を考えてみよう）、問題ははるかに難しくなるが、それでも候補地をソートするという一般原則に変わりはない。地図を矩形領域に分割し、個々の矩形領域の平均的な長期利益をソートのための指標とすれば、問題は有限化される。

7.3　不確実性をともなう最適化

　「6章　不確実性」で見たように、不確実性をともなうときの最適な意思決定は、目的関数の期待値が最大化されるときに得られるので、しなければならないことは原則として目的関数をその期待値に置き換えることだけだ。これは比較的簡単なこともあれば、そうでないこともある。簡単でない場合でも、少なくとも1次近似までは解けるような方法を見つける必要がある。いずれにしても、まず不確実性のない問題で理解を深めるようにすべきだ。そうすれば、どこに注意を集中させるべきかがわかる（すべての不確実性が同じような作りになっているわけではない）。

7.3.1　顧客離反

　顧客離反という問題でどこに不確実性があるかはすでにわかっている。優待サービスのオファーが**なくても**顧客が確実に留まる（または離れる）ことがはっきりしているかどうかと、そこがはっきりしない顧客を維持するために必要な優待サービスの最低限がどこかである。

　価値 x の優待サービスをオファーしたときに顧客が離れていく確率を $p(x)$ と書くことにする。この価値が小さくなるほど離反率は上がることが予想される。極端な場合、新車をプレゼントすると言えば、ほとんどの顧客は留まるだろう（少なくとも短期的には全員が残る**はず**だ。いかに私たちの会社が嫌われていても、彼らはもらった車を売れば利益を得られる）。$1 - p(0)$ は、そのようなオファーが**なくても**私たちの会社から離れていかない顧客の割合を示す。そして非常に大きな x における $p(x)$（$\lim_{x \to \infty} p(x)$）は、いかに有利な優待サービスを提供しても私たちの会社から離れていく人々の割合を表す。

　さしあたり、優待サービスの価値は $x = c$ か $x = 0$ の2種類だとする。CLVが v の顧客に優待サービスをオファーしたときの期待利益は次のようになる。

$E(\text{利益増} \mid \text{オファー} = c) = (1 - p(c))v - c$

オファーなしのときと比べて期待利益が大きければ、オファーをする。

$(1 - p(c))v - c \geq (1 - p(0))v \Leftrightarrow v(p(0) - p(c)) \geq c$

右側の条件は、売上増（の期待値）がコスト増よりも大きいときにはかならずオファーをするという最適化をするときの一般原則を示している。

この不等式は、オファーをすべき顧客が誰で、離れていくのに任せる顧客は誰かの処方箋をはっきり示しており、非常に優れている。これを実用に耐えるものにするためには、データサイエンティストにMLツールキットを使って離反関数 $p(x)$ を推定してもらわなければならない（CLVについては顧客ごとのデータがあることを前提としている）。そうすれば、不等号を等号に替えられる収支0の顧客を見つけられるはずだ。

処方的な問題の設定と解決が予測段階のそれとは比べものにならないほどのところまで進んでいることに注意しよう。ほとんどの企業は、社内のデータサイエンティストたちに離反率予測の推定を増やせと発破をかけている。しかし、この最適性の条件からもわかるように、私たちは一歩先に進むべきだ。優待サービスの規模に**基づく離反の条件確率**を計算せよとデータサイエンティストたちに指示すべきなのである。これは簡単な仕事ではないが、難しい理由はいくつかある。

第1の理由は、顧客の選好の多様性による不確実性があることだ。顧客によって引き留めのために必要な最小の優待サービスの規模が異なることは容易に想像できる。最初のうちは、平均的な推定を使うだけで満足できるかもしれない。

しかし、この確率の推定という問題がもっとも重要なところで残っている。すでに説明したように、観察データはそのためにはとても使いものにならない。このような場合にすべきことは、ちょっとした実験である。価値の異なる優待サービスを2、3種類（またはもっと多く）ランダムな顧客に対して提供し、離反率に与える影響を推定するのである。顧客の特徴の一部（たとえば、年齢、性別、取引の期間、取引の履歴など）を条件として結果の違いを評価すれば、多様性の一部を処理できる。そうすれば、完全なカスタマイズという目標に一歩近づける。

7.3.2　クロスセル

すでに見てきたように、この問題のもっとも純粋な形態では、個々の顧客に売ることを検討している個々の候補商品がどれだけの価値を生み出すかがわかっていれば、

あとは顧客がオファーを受け入れる確率（確率 (受容 $|X$)）を推定するだけでよい。その確率は、顧客や商品の特徴によって条件付けられるだろう。

そして、顧客ごとに個々のオファーの期待価値をランク付し、期待価値がもっとも高い**ネクストベストオファー**をかならず行うようにキャンペーンを組み立てるのである。

ネクストベストオファーモデルを組み立てるために必要なものはこれ"だけ"だ。もちろん、悪魔は細部に潜んでおり、これらの確率を正確に推定するためには実践を積み重ねていかなければならない。

経済学の初歩が教えるところによれば、顧客は商品をほしいと思い（選好）、余裕で買えるなら、商品を買う。そこで、価格（「7.1.3　価格と売上の最適化」で説明した知識が必要になる）と特徴（顧客の選好を表すものとして使える）を条件とする購入の条件確率を見たい。これは言うは易く行うは難しだが、どこかからスタートして、反復的にモデルを改善していく必要がある。

7.3.3　人員規模の最適化

すでに説明したように、人員規模最適化の問題でもっとも重要なパラメータは、入店率とサービス率である。そのため、それらの分布についての仮説が必要だと言っても驚くべきことではないだろう。そのような確率モデルの1つに**アーランCモデル（アーランC式）**があり、入店率はポアソン分布に従い、出店、サービス率は指数分布に従うものとする。不確実性なしのときと同様に、顧客は無限の忍耐力で行列に並ぶものとする。経験的な観点からはこれらの前提条件はどれも疑わしいので、応用次第ではより高度なモデルを作るとよい。

レジ係が n 人の場合、レジの平均稼働率は $\eta = \lambda/n\mu$ となる。分布の前提条件が以上のものだとすると、顧客が行列に並んで待たなければならない確率は、次のようになる。

サービス率 μ、入店率 λ、レジ係の数n、$\eta = \lambda/n\mu$

$$P_C = \frac{\dfrac{(n\eta)^n}{n!(1-\eta)}}{\sum_{i=0}^{n-1}\dfrac{(n\eta)^i}{i!} + \dfrac{(n\eta)^n}{n!(1-\eta)}}$$

これで不確実性なしのときと同じように待ち時間の期待値の計算に進める。あるい

は、待ち時間が固定されたAWT（acceptable waiting time、許容待機時間）以内に収まる確率である**GoS**（Grade of Service）などのより厳格な顧客サービス指標を計算してもよい。

$$GoS = 1 - P_C e^{-\mu*(n-A)*AWT}$$

これらの数式からはただちに明らかではないかもしれないが、不確実性なしの問題を解いたときに得られた知見から考えれば、レジ係の数が増えれば待たなければならない確率は**下がり**、スタッフ数の増加とともに**GoS**は改善されるはずだ。1時間当たり平均100人の顧客が来店する店について考えてみよう。サービス率は顧客当たり3分、AWTは1分として、GoSが80%以上になるために必要なレジ係の数を知りたいものとする。**図7-16**は、レジ係を増やしていくと待たされるアーランC確率と対応するGoSがどうなるかを示している。右のグラフを見ると、このGoSを達成するためには7人のレジ係が必要だということがわかる。

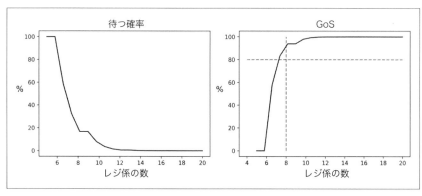

図7-16　待つ確率（probability of waiting）とGoS*

これらの式があれば、別の処方的問題にも答えられる。たとえば、CAPEXの例と同じように一歩先に進み、レジ係の数を何人にすれば利益増が最大になるかという問題を立てることができる。

$$利益\,(n) = P \times Q \times (1 + g(GoS(n, AWT))) - c(n)$$

このような問題を立てるのは、GoSが顧客満足度（および離反率）に影響を与え、将来の収益に影響を与えるという考えが前提にあるからだ。レジ係を増やせば離反率を下げられる（売上を上げられる）が、その分人件費がかかる。重要なことだが、こ

の問題ではほかのコスト（賃貸料、水道光熱費など）を無視していることに注意しよう。これらのコストは少なくとも1次的には人員規模によって変化しないからである。

ここで今までの道筋を復習しておこう。私たちは、分布についての強力な仮定を置くことにより、不確実な入店率、サービス率をモデリングし、それにより分析的にGoS、すなわち顧客の待ち時間がAWT以内に収まる確率の計算式を導き出した。この段階で必要とされるものは、GoSから離反率を導き出す変換式だ。

ここから道は何本かに分かれる。たとえば、GoSの増加によって大きくなるように成長率関数をパラメータ化し、対応するパラメータを推定、または調整するという道がある。すべてが線形でない限り、**期待**利益を最大化していることにならないので、この方向にはちょっとしたごまかしがある。しかし、確率的精度を犠牲にしても、解ける問題を立てられるので、そこは目をつぶってもよいだろう。

離反のミクロファンダメンタルに注目し、AWTに直接依存する関数を導き出すという道もある。たとえば、「6章　不確実性」で説明したのと同じように、顧客は待ち時間がある最大値に達すると離反すると考える。その限界に達するともう耐えられなくなってほかの会社に乗り換えるというわけだ。

この**個人レベル**の限界値は、その個人の**awt**（小文字の許容待機時間）と呼ぶことができる。すると、顧客 i が離反する確率は、彼らの awt_i に依存するということになる。

確率 (離反$_i$ | awt_i) = 確率 (iの待ち時間 > awt_i) = $1 - GoS(n, awt_i)$

残念ながら、私たちは個々の顧客の awt_i を知っているわけではないが、一部の顧客は我慢強く、一部の顧客はさっさと出ていくという多様性がどれだけ大きなものかは疑わしい。大切なのは、すでに確率モデルから販売数の（マイナス）成長率とGoSには対応関係があることがわかっていることだ。あとはAWTとして妥当な値を入れ、おそらく感度解析を使って対応する最適化問題を解決すればよい。

7.3.4　不確実性をともなう最適化問題を解くためのテクニック

最後の例では、次に示す一般的な問題に非常に近づいた。何らかの確率変数 θ に依存する期待利益を最大化したいものとする。

$\mathrm{Max}_x E(f(x; \theta))$

　抽象的な記法のために迷子にならないようにしよう。θ は不確実性の根本的な要因（確率変数）、x は決定変数である。たとえば、θ は個々の顧客の待ち時間、x は確保するレジ係の数になる。

　ここで強調しておきたいのは、問題が比較的単純なものでない限り、この目的関数は複雑なものになり得ることである。期待値は、確率を掛けた多数の項の総和か連続的な確率変数の積分になることを思い出そう。

　ここで使えるテクニックの1つは、できる限り単純化することである（ただし、単純化しすぎないこと）。たとえば、ランダムな成果を2値にして問題を解くようにするという方法がある。離反の例ではまさにこれを行った。顧客は留まるか離れるかである。しきい値を使って結果を2つに分ける方法には、無限の多様性を抱えるモデルが、全体をしきい値の上と下の2グループに分割するモデルに単純化されるというメリットがある。

　もう1つのテクニックは、期待値計算が線形になる**線形**目的関数を使うようにすることである。売上の計算式に戻ろう。

$$f(x) = P \times Q \times (1 + g(x))$$

　成長率関数 $g(x)$ が x の線形関数なら、つまり a, b を何らかの定数値として $g(x) = a + bx$ なら、確率変数 x の期待値をそのまま代入できる。ただし、CAPEX最適化の例のようにロジスティック関数を使っているときにはそういうわけにはい**かない**ことに注意しなければならない。

　大切なのは、一般に関数 $g(x)$ が線形でない限り、$E(g(x)) = g(E(x))$ には**ならない**ことだ。だんだん専門的になりすぎてきたので、この話はここで止めておく。

　難しい積分計算の代わりに使える方法として最後に紹介するテクニックは、モンテカルロ（MC）シミュレーションである。これは、選択した分布から多数の確率変数を抽出し、抽出したそれぞれの値について目的関数を計算し、すべての計算結果の平均を取るというものだ。**選択した**分布は、意思決定に影響を与える不確実性の分布と一致したものでなければならない。抽出した確率変数から計算した目的関数の値全体の平均は、期待値のよい近似値になるだろうという考えである。

　具体例として、次の最小化問題を解こうとしている**図7-17**について考えてみよう。

$$\text{Min}_x E(\theta x^2) = E(\theta)x^2 = 10x^2$$

　ただし、θ は平均10、分散36の正規確率変数とする（$\theta \sim N(10, 36)$）。この場

合、目的関数は確率変数の線形関数なので、**シミュレーションをする必要はない**。ここでの目的は、非常に単純な条件のもとでシミュレーションの方法を示して、みなさんにどういうことなのかイメージをつかんでもらうことである。

この例は単純だが、確率変数が2次導関数の符号を変えられるため、実現値によって関数の形が大きく変わる可能性があることに注意しよう。

図7-17の左のグラフは確率変数の分布を示しており、**上に凸な関数**を最小化しなければならなくなる確率（〜 4.7%）に対応する部分に影を付けている。右のグラフは目的関数の100種の実現値を示したもので、ほぼ95%は凸関数の最小化（最適値は0）になるが、5%弱は上に凸な関数の最小化を目指さなければならなくなる。

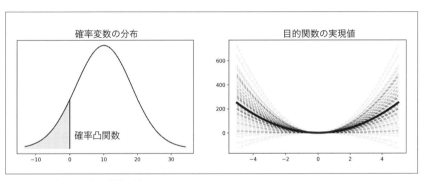

図7-17　確率的最適化の単純な例

要するに、比較的標準的な前提条件のもとでは、母集団の期待値 $E(g(x;\theta))$ の最良の近似値は、確率変数から得た N 個の実現値の平均になるというのが、この種の最適化問題に応用したときのMCシミュレーションの考え方である。

$$E(g(x;\theta)) \sim \frac{1}{N} \sum_{i=1}^{N} g(x;\theta_i)$$

例7-5のコードを使って対応する正規分布から100個のサンプルを抽出すると、**図7-18**のような結果が得られた。点線は本物の目的関数（ $10x^2$ ）で、実線は私たちのMCシミュレーションの結果である。

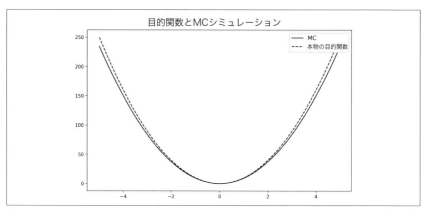

図7-18 MCシミュレーションの例

　目的関数が得られたら、決定論的最適化問題のときと同じように最適値を探せる。ただし、関数が得られたわけではなく、有限個の数値が得られただけなので、最適値探しは少し難しくなる。それでも、私たちはすでにこの種の最適化問題を数値的に解く方法を知っている（何らかの形のソート）。問題が多次元なら、シミュレーションから得られたデータセットに最適化できるパラメトリック関数を適合させればよい。

例7-5　単純なモンテカルロシミュレーション

```
def quadratic_stoch(x,epsilon):
    return epsilon*x**2


# モンテカルロ( MC )シミュレーション
def get_montecarlo_simulation(objective_func,grid_x, N_draws):
    '''
    個々の実現値から(x_k,objective_func(x_k,realization))を得る
    最後に実現値全体の平均を取る
    入力:
    objective_function:配列( grid_x )を受け付け、同じサイズの配列を返す
    明確に定義された Python 関数
    grid_x:関数に与える決定変数のグリッド
    N_draws:モンテカルロシミュレーションの規模
    出力:
    抽出したサンプル全体の平均を格納する長さ len(grid_x)の配列
    '''
```

```
# ランダムなデータを抽出する：この場合正規分布 N(10, 6**2) だ
# ということがわかっている
draws_from_normal = 10 + 6*np.random.randn(N_draws,1)
# 結果を格納する行列を初期化する
K = len(grid_x)
matrix_results = np.zeros((K,N_draws))
for i,draw in enumerate(draws_from_normal):
    eval_i = objective_func(x=grid_x,epsilon=draw)
    # 対応する行に保存
    matrix_results[:,i] = eval_i
# サンプルの平均を取得
sample_avg = np.mean(matrix_results,axis=1)
return sample_avg
```

7.4　この章の重要な論点

- **処方的段階は、最適化のすべてである**。できる限り最良の判断を下したいので、すべての選択肢にランクを与え、最適なものを選べなければならない。

- **多くの問題は単純である**。引けるレバー（取れるアクション）が2本（またはごく少数）しかないのなら、期待効用を計算し、降順にソートし、先頭の選択肢を選べればそれでよい。そのため、難しいのは期待効用の計算とソートになる。

- **しかし一般に最適化は難しい**。取り得るアクションが多数（無限）なら、最適化は難しくなる。ほとんどの場合、機械学習で使われている勾配降下法のような数値的な方法を使うことになるだろうが、これらの方法は**十分単純な問題**でも調整が難しい。

- **常に不確実性のない問題を解くことから始める**。より単純な問題を解くと、重要な意味を持つ不確実性は何か、レバーや目的関数がどのような動きをするかについて価値のある直感や洞察が得られる。より一般的な問題に挑戦するのはそれからでも遅くはない。

- **処方的問題が明確に記述されていれば、データサイエンティストが何を推定、予測しなければならないかを正確に理解するために役立つ**。処方的問題を解くときには、通常データサイエンティストに尋ねるのとはまったく異なる目的を推定してもらわなければならない場合がある。たとえば、離反率の場合、離反の確率を推定する必要はなく、知りたいのは優待サービスの規模で離反率がどれぐらい変わるかである。

7.5　参考文献

　最適化理論には優れた参考書が多数ある。たとえば、スティーブン・ボイド、リエヴェン・ヴァンデンベルグ共著『Convex Optimization』(Cambridge University Press)、より初心者向けのラグ・サンダラム著『A First Course in Optimization Theory』(Cambridge University Press)などである。応用数値的最適化は、ジャン・スナイマン、ダニエル・ウィルケ共著『Practical Mathematical Optimization: Basic Optimization Theory and Gradient-Based Algorithms』(Springer)、より上級者向けのケネス・ジャッド著『Numerical Methods in Economics』(MIT Press)などで説明されている。

　私が知る限り、価格と売上の最適化に関する参考書でもっとも優れているのは、ロバート・フィリップス著『Pricing and Revenue Optimization』(Stanford Business Books)である。オザルプ・ウーセル、ロバート・フィリップス共著『The Oxford Handbook of Pricing Management』(Oxford University Press)は、価格設定全般についての優れた参考書で、選ばれた業界に固有の戦略から価格設定の理論的な基礎までのありとあらゆるテーマを取り上げている。これよりも砕けた内容で優れたユースケースを示してくれる本としては、ジャグモハン・ラジュ、ナイトン・ブリス共著『Smart Pricing: How Google, Priceline, and Leading Businesses Use Pricing Innovation for Profitability』(FT Press)がある。

　待ち行列理論ではアーランCモデルは標準的なので、確率過程についての本ではかならず取り上げられている(前章の参考文献を参照)。

　最後に、モンテカルロシミュレーションについては、クリスチャン・ロバート、ジョージ・カセーラ共著『Monte Carlo Statistical Methods』(Springer)がある。確率的最適化問題を解くためのこの手法の使い方、その他のテーマを扱った論文として、オンライン(https://oreil.ly/121Rl)にティト・オーメンジメロ、グジン・ベイラクサンの "Monte Carlo Sampling-Based Methods for Stochastic Optimization" がある。

8 章

まとめ

　後半の数章では非常に多くのことを取り上げた。分析の道具箱は本当に多種多様なので、多くのスキルがバラバラに散らばっているように見える。そこで、最後にこれらがどのような関係にあるかを広い視野から眺めてみよう。仕事でぶつかる難点にも触れる。そして最後に今後この分野がどのようになっていくかについての私の考えを述べようと思う。

8.1　分析スキル

　今までの各章では、少なくとも1つのスキルを取り上げた。最後にこれらすべてを広い視野から眺め、残された課題に触れていこう。

8.1.1　処方的な問いの立て方

　まず、ビジネス上の問いの立て方、特に**処方的な**問いの立て方を学ぶ必要がある。そのためにはまず、記述的、予測的分析と処方的分析の区別のしかたを身につける必要がある。これには練習が必要になる。

　幸い、私たちはいつも意思決定をしている。そこで、職場とプライベートの両方で自分の意思決定を継続的に検討してこのスキルを練習し、身につけるとよい。分析力は筋力と同じで、意識して継続的に鍛える必要がある。

　このスキルセットをさらに鍛えるために自問自答すべき問いをまとめると次のようなものになる。

- そもそもなぜ意思決定をしようとしているのか。
- 解決したい問題は何か。
- なぜこの問題が気になるのか。考えた結果得られるものは何か。

- 成果を実現するために取れるアクションは何か。
- 過去にどのようにしていたか。
- アクションとその成果との関係を精密に描くために必要とされる理想のデータセットは何か。
- アクションの帰結はどうだったか。帰結は何によって左右されたか。
- 隠れている不確実性は何か。その不確実性を取り除いて決定を下すためにはどうすべきか。

これらはあらゆる意思決定で問題にできることである。そのため、毎日行うもっとも基本的で日常的な意思決定を手始めにこれらの問いに答えるようにするとよい。

記述的な分析は私たちにとってもっとも自然な分析だが、**優れた**記述的分析のスキルも伸ばす必要がある。正しく記述的分析ができれば、ものごとがそのように進む理由についての最初の理論を方向転換したり、どこで失敗の原因となる罠にぶつかるかを明らかにしたりするために役に立つ。上級の実務者たちの大半は、まず問いからスタートし、後退しながらデータから答えを探すという方法を取り入れている。

そしてもちろん、**正しい**問いからスタートしなければならない。すでに述べたように、正しい問いを見つけ出すスキルは、控えめに言っても、機械学習アルゴリズムの仕組みとその応用方法を学ぶことと同じぐらい重要だ。アルゴリズムがいかに優れていて、データがいかによさそうでも、間違った問いからスタートすれば行き詰まる。

予測的分析は、意思決定がすでに最適であったり、最初から非常に優れているのでない限り、それ自体では何の価値も生み出さない。予測は意思決定プロセスへの入力であり、現在の機械学習やAIテクノロジーは、この部分で私たちを支援している。

処方的な問いを立てると、否応なくできることがある。

- 改善したい指標や対象に全力を注ぐ。
- 自由に選べるレバーについて考え、その数を増やす。

処方的な問いの立て方はどうすれば身につくだろうか。私の考えでは、追求する目標は何かを考えるところから始めなければならない。それは、**なぜ**という問いを次々に立てていけば明らかになる。

8.1.2 因果関係の理解

ビジネス目標が決まったら、それを実現するプロセスに思考を集中できる。かならず次の問いに答えるようにしたい。

- 今あるレバーは何か。
- そのレバーはなぜどのようにして機能するのか。
- どのような理論や前提が必要か。

こういった問いを立てていくと、必然的に因果関係の問題にぶつかる。もちろん、因果関係を**理解**することと**試す**ことは異なる。理解は、アクションをビジネス目標につなげる理論を組み立てる能力と関わっている。"このレバーを引いたら、その帰結が追随し、それによって私たちの目的に影響を与えられる"。しかし、なぜ成果が追随するのだろうか。隠された前提やそれほど隠されているとも言えない前提は何だろうか。

「4章　アクション、レバー、意思決定」で示したように、実証的に因果関係を解きほぐしていくのは非常に難しい。そのスキルの獲得に踏み込む前に、私たちが因果関係だと思っているものに**疑いの目**を向けることを学ぶとよい。事実に反するという説明が考えられないか。コントロールすれば結果を説明できるようなほかの変数はないか。選択効果はないか。

因果効果を推論するよりも、この種の問いに答えるほうが簡単だ。実験的な方法、つまりA/Bテストを使えば手っ取り早く答えられる。もっともデータドリブンな企業は、よりよい意思決定をするための強固な基盤を作るために毎年数千回もの実験を実施する。コストがかかりすぎて実験ができないという場合には、因果関係の有無を試す統計的な手法が無数にあるのでそれらを試すとよい。これらの手法を使うためには、データが1つ以上の前提条件を満たしている必要がある。そのため、これらの手法を身につけて使うためにはある程度の専門的な能力が必要となる。

しかし、理論を立てて検証するという作業を始めると、世界は自分たちが考えたものとは大きく異なることがわかる。ちなみに、2019年のノーベル経済学賞は、貧困と経済開発の研究で実験的手法を活用したが何度も失敗した3人の研究者に授与されている（https://oreil.ly/WF9sW）。だから失敗を恐れてはならない。何度でも失敗してよい。

◘ 既成概念にとらわれない思考

失敗を繰り返していると、否応なく既成概念にとらわれずに考えるようになる。通常は、レバーの中でももっとも自明なものをまずテストする。そして、予定通りにものごとが進まなくなると、ビジネスや人間の性質についてのもっとも基本的な理解に疑いの目を向けるようにする。

しかし、分析スキルが上がれば上がるほど、創造的に考えられなくなるということがある。分析的な推論は、創造的な思考能力からは遠くかけ離れているように感じられる線形な思考になりがちだ。こういうことが起きるということをいつも忘れないように努めなければならない。実験を重視する文化をしっかりと築けば、こういった傾向の緩和に役立つかもしれない。多様なスキルを持った職務横断型のチームにも硬直化を防ぐ効果がある。

8.1.3　単純化

私たちの頭脳がいかに優秀であっても、ビジネス（世界は言うに及ばず）は私たちには1度で理解できないような形で動いている。単純化せずに済めば、絶対的に最良の判断を下せるわけで、どれだけすばらしいかと思うが、そうはいかない。

そのような意味で、私たちのソリューションは一般に**局所的**最適値である。つまり、もっとよい判断を下せる可能性は高いが、そのようなより一般的な問題は複雑すぎてすぐには解決できないということだ。

それはそれでかまわない。私たちの目標は競合他社に勝つことであり、相手がいかに賢明でも、あるいはいかに計算能力とデータを豊富に抱えていても、経営しているのは人間だ。私たちはみな局所的な最適値を見つけるという領域で戦っている。単純化から始め、目の前の問題を解き、コスト効果があれば、反復的に複雑度を少しずつ上げていけばよい。

8.1.4　不確実性の処理

私たちの意思決定は、**すべて**不確実性を抱えた状態で下される。レバーを引くとき、つまり意思決定をするときには、その成果がどうなるかがはっきりとわからないということなので、これは重要なポイントだ。

問題を解くときには、不確実性がないという前提で解くところから始めなければならない。不確実性なしを前提とする解は、引けるレバーや重要な不確実性（問題に対して1次的な効果があるもの）についての直感を磨くために役立つだけでなく、不確

実性をともなう意思決定のよしあしを判断するための比較基準にもなる。

　以上を踏まえた上で、不確実性をともなう意思決定には少なくとも次の3つのアプローチがあることについて考えよう。

- 何もしない
- データドリブンの力任せのアプローチを使う
- モデルドリブンのアプローチを使う

◘ 何もしないというアプローチ

　不確実性を相手にしていてはコストがかかりすぎると判断する場合がある。確率理論を使った仕事を身につけるのは間違っても簡単なことではない。その論理を完全に自家薬籠中のものとするまでには時間がかかる。しかし、全体的に見れば、そういった手法を使うメリットはコストよりも大きく、このスキルセットを備えた人はいつでも採用できる。企業人の仕事は、自分たちに足りないスキルを持っている人々とチームを組むことだ。

　何もしないというアプローチは一般的に最適とは言えないので、時間と資金を投入して適切なスキルを社内に導入するとよい。しかも、AIと機械学習の大きな進歩のために、今ではこのスキルは比較的安く手に入る。現在、多くの人々が継続的にデータサイエンティストの道具箱について学び、改良を加えている。そして、（より強力な）計算能力の価格は、以前と比べて何桁分も下がっている。不確実性を相手にするためのコストは未だかつてなかったほど下がっているのである。

◘ データドリブンのアプローチ

　現在、多くの企業がこの道を歩んでいる。それらの企業はデータを持ち、適切なテクノロジーに投資し、能力を持つ人を採用している。このアプローチは、不確実性への対処のしかたはデータが自ら教えてくれるという指導原理に支えられている。しかし、データだけでは何もわからない。でなければ、データが教えてくれるストーリーはあまりにも多すぎて、自分のユースケースにもっとも適したストーリーがどれなのかがわからない。

　不確実性を処理するためには、たとえば、いくつかのレバーが機能する理由についての理論を立てるなどの方法で仮定を置く必要がある。つまり、モデルを作るということだ。

◘ モデルドリブンのアプローチ

モデルドリブンのアプローチは、不確実性の源泉と働きについて強固で反証可能な仮定を生み出せる。まず、不確実性の個々の源泉をはっきり見きわめ、分類し、問題にとって1次的な意味を持つものに検討の対象を絞る。

次に、関連する不確実性の分布についての仮定を設ける。これはデータを見ればできることだ。一様分布しているか、ベル形の正規分布か、長い裾があるか。

別の方法もある。まず、データを**見ないで**ホワイトボードの前に立ち、不確実性の源泉について真剣に考える。ほとんどの不確実性は純粋ではない（量子力学の不確定性原理と同様に）。それは私たちの無知、多様性、単純化の要請、複雑な相互作用の結果だが、まず不確実性の個々の源泉を理解し、それらの分布について仮定できるかどうかを考えるところから始めなければならない。

コイントスについて考えてみよう。データドリブンのアプローチでは、コイントスの実験を何度も繰り返した成果を見て、平均して表と裏が同じように出るかを推定する。しかし、公正なコインでは、成果が表か裏に偏る理由はないはずだと考えるところからスタートすることもできる。この場合、対称性の仮定からスタートし、単純化された理論を立て、データでその理論を検証している。

モデルドリブンのアプローチがどのようなものかまだはっきりしないなら、「7章 最適化」の**人員規模の最適化**の問題で提案されたソリューションについて考えてみよう。私たちは、顧客がどのようなペースで店に入ったり店から出たりするかが不確実性の主要な源泉であることを認めた上で、顧客がどのように分布しているかについて強力な仮定を設けた。

私たちは、頻出主義とベイズ主義の両方のアプローチで、データの分布についてデータによる検証が必要な仮定を置いたが、ベイズ主義のほうが不確実性についてより意識的に考えるプロセスを踏んでいる。

8.1.5　最適化に向けての格闘

処方的な分析とは、最適化のことである。可能な限り**最良の**意思決定を目指すなら、すべての選択肢にランクを与えられなければならない。

しかし、最適化は難しい。よくぶつかる難所について復習してみよう。

◘ 目的関数の理解

目的関数は、アクションやレバーをビジネス目標や最適化したい指標に写像する。

最適化の作業では、まず目的関数についてよく考える必要がある。

- その目的関数はどのような形か。3つ以上のアクションや決定変数をグラフ化するのは難しいが、**ほかの変数はすべて一定に保ち**（何らかの値に固定する）、個々の決定変数の変化にともなう目的関数の変化をプロットするとよい。
- その目的関数は"滑らか"か。つまり、どこでも導関数を取れるか。これは勾配降下法などの数値的な手法を使いたいときに重要な意味を持つ。
- その目的関数は多数の局所的最適値を持つか。
- その目的関数は、滑らかで局所的最適値がなくても、最適値の前後やその他の場所で比較的水平になっていないか。これはどのアルゴリズムを使う場合でも、収束までのスピードに影響を与えることがある。

不確実性と同様に、目的関数の求め方にもモデルドリブンの方法とデータドリブンの方法がある。データドリブンの方法は、ほかの教師あり学習タスクと同じように進められる。特徴量はレバー、アクション（その他私たちが重要だと考えている因子）であり、予測される成果は目的関数や指標である。言うまでもなく、この方法で信頼性の高い推定を得るためには、レバーとビジネス目標の両方を観察しなければならないし、レバーに十分な変化がなければならない。さらに、問題をよりリアルにするために非線形の効果を推定できるようにしたければ、教師あり学習の方法が必要になることがある。

データドリブンの方法には、2つの問題点がある。第1に、ビジネスの観点から見て意味のある結果が得られる保証はない。これは、教師あり学習アルゴリズムでは、予測問題にビジネス上の構造や制約を与えないからである。相関関係があっても因果関係があるとは限らないが、予測テクノロジーは一般に相関関係をつかむものであるのに対し、最適化はアクションと目的との間の因果関係の問題である。

さらに、得られた目的関数（アクションから導かれるビジネス目標達成度の予測値）は、最適化のために必要な性質を持たない場合がある。たとえば、最大化を目指すなら目的関数は上に凸な関数でなければならないが、予測アルゴリズムは目的関数が上に凸な関数になることを保証できない。

価格と売上の最適化（「7章　最適化」）を例としてこのことについて考えてみよう。データドリブンのアプローチは、正確なビジネス目標次第で売上、利益、貢献利益の予測モデルを作り（これらは価格その他の因子によって決まる）、予測された関係を

目的関数として使う。それに対し、モデルドリブンのアプローチは、売上は価格と販売数の積であり、販売数は需要の法則のために価格によって左右されるといった経済学的な基礎をもとに目的関数を**モデリング**する。問題に構造を与えることによって、ビジネス上意味があり、必要とされる性質を持つ目的関数が作られることが保証されるのである。

◘ 局所的最適値の処理

　最適化問題のソリューションが見つかったとして、それが最良の解だということはどうすればわかるのだろうか。これは、さらなる最適化が可能でも局所的最適値に落ち着いてしまいがちな数値的最適化アルゴリズムでは特に重要な意味を持つ。まず、自分たちのソリューションが本当にビジネスの問題に依存する最適値になっているかどうかをチェックしなければならない。そして、初期推定やソリューションを変えたときに別の最適値が見つかるかどうかをチェックする必要がある。

◘ 初期推定値への感度

　今述べたように、複数の局所的最適値が生まれる問題には、最適化アルゴリズムに別の初期値を与えるという対処方法がある。数値的最適化のソリューションに別の初期値を試せるようなロバスト性がないことはごく普通のことなので、自分のソリューションにそのようなロバスト性があるかどうかはかならずチェックすべきだ。

◘ スケーラビリティと本番稼働の問題

　スケーラビリティの問題とは、データが増えると、最適化問題の解決のためにかかる時間と計算量がデータの増加率以上にふくらむことである。これは機械学習ではよく知られた問題で、多くの場合、スケーラブルだが予測技術の最先端とは言えないようなアルゴリズムを本番稼働させるという方法で対処されている。

　よく見られるトレードオフについて簡単に説明しよう。

- 新しいデータ、またはより多くのデータが届いたときに、最適化問題を改めて解決すべきか。
- 改めて解決する場合、十分速く対応できるか。つまりタイムリーに最適化問題を解決できるか。
- タイムリーに最適化問題を解決できない場合、最適として推奨される内容は新しい情報や増えた情報からどの程度の影響を受けるか。どの程度の頻度で再び最適

化問題に取り組むべきか。

これらの問いはどれも決して簡単に答えられるようなものではない。しかし、最適化のためのアクションがほかの情報に依存する**写像**、関数になっていれば、新しい情報をそのような写像で再評価するだけでよくなり、計算量もそれほど大きくならない。

具体例として、飛行機の搭乗料金の最適化という問題について考えてみよう。この場合、出発までの時間（予約から搭乗までの時間）によって最適な料金設定の規則が異なることがよくある。この規則の内容が関数として明らかになっているなら、単純に関数を評価すればその時点で最適な価格が得られる。それに対し、料金を設定したいときに毎回最適化問題を解決しなければならないようなら、スケーラビリティが得られず、本番稼働は難しくなるだろう。

8.2　将来のAIドリブン企業

将来のAIドリブン企業はどのような姿になるのだろうか。未来論的な予測は私の仕事ではないが、**現在の**テクノロジーで可能なことは何かについては論じておく意味があるだろう。この目標のために、まず本書の3つの主要論点を復習しておきたい。

- 企業は意思決定によって価値を生み出す。
- 予測はよりよい意思決定のためのインプットである。
- 予測テクノロジーを補完し、企業の意思決定能力の向上のために必要な別のスキルがある。

8.2.1　AI

現在のAIは、大量のデータと計算能力を消費する未だかつてなく強力な機械学習アルゴリズムに支えられた予測テクノロジーである。もちろん、AIはこれよりもずっと大きい分野だが、現在大きく話題になっているのはディープラーニングアルゴリズムである。ここで自然に浮かぶ疑問は、現在のテクノロジーでよりよい意思決定ができるかどうかだ。この点については、機械学習アルゴリズムから得られる予測を明確に定義された決定問題へのインプットとして、不確実性を緩和するための手段として使うというルートが提案されている。

　しかし、AIをほかの形で使うことはできないだろうか。AIのパラダイムを活用して成功を収めてきたほとんどの企業は、ビジネスの問題を現在のテクノロジーで解決できる予測問題に翻訳することにとても習熟している。意思決定段階の中に予測問題に翻訳できる部分はあるのだろうか。

◘ 意思決定の方法の学習

　意思決定問題を予測問題に翻訳するような仮説的なシナリオについて考えてみよう。出力変数は、ビジネス指標やビジネス目標によって計測された意思決定の成果である。すべての決定に**よい意思決定**か**悪い意思決定**のどちらかのラベルが与えられる分類問題に翻訳するのでもよい。

　機械学習アルゴリズムはデータから学習するので、過去の意思決定のデータセットもあるものとする。先ほど説明したような出力変数だけでなく、実際に引いたレバー（アクション）についての情報（どの程度引いたのかも含めて）もある。意思決定のコンテキストはまちまちなので、入力として使えるコンテキスト情報もできる限り多く集める必要がある。コンテキスト情報があれば、そのコンテキストの中で判断のよしあしを考えられるだけでなく、不確実性を狭めることができる。

　数学的には、私たちの教師あり学習アルゴリズムは、何らかのコンテキスト情報 X のもとで、意思決定 D をビジネス上の成果 y に写像する方法を学ぼうとする。

$$y = f(X, D)$$

　このような条件のもとでは、原則としてこのような意思決定ができる機械学習アルゴリズムを訓練すればよい。成果変数が**利益**のような連続的なビジネス指標なら、モデルを訓練したあとで、データセットの中の個々のレバー（行列 D 内の個々のダミー変数）をオン、オフしてみて、期待利益をシミュレートし、最大の機会利益が得られるものを選ぶ。出力変数を**よい決定**、**悪い決定**のような分類ラベルに変換している場合なら、レバーを引くシミュレーションを繰り返し、確率スコアが最大になるものを選ぶ。

　人間の運転手が下した判断（意思決定）とあらゆるタイプのセンサーで捕捉したあらゆるコンテキスト情報を自動的に格納する自動運転車があったとする。このアプローチは、運転上の判断を下すために活用できる。自動運転車の場合、データセットが自動的に作れるのがよいところであり、そのデータはこのアプローチの優れた基準データとして使える。

◻ 意思決定を自動化するこのようなアプローチの問題点

　第1の問題は、意思決定が必要とされるほとんどの場面でデータセットを作って保存するのは、自動運転車の例ほど簡単ではないことだ。そして、たとえそのようなデータセットが作れたとしても、そのデータは因果関係の推定に必要とされる性質を持っていない可能性がある。

　機械学習アルゴリズムは相関関係から予測を作り出すことを思い出そう。そのため、機械学習アルゴリズムは強力なパターン認識装置である。理念的には異なるコンテキスト情報によってレバー（選択）を系統的にランダム化するという方法もあるが、もちろんそれはコストがかかるだけでなく、危険でさえある。

　さらに、そのようなアルゴリズムが下す決定には、データに含まれるバイアスが反映されるため、それが倫理上の深刻な問題を引き起こすことがある。

　最後に解釈可能性の問題がある。強力な学習アルゴリズムは、どのようにして予測を下したかが説明しにくいブラックボックスである。私たちの場合、予測は意思決定、判断になるので、問題はさらに大きい。

　どこかほかの文献で現在のAIが直面している問題について読んだことがあれば、このリストにもそれらの問題が含まれていることがすぐにわかるだろう。意思決定を自動化するための予測テクノロジーは、必然的に現在のテクノロジが抱える欠点をすべて受け継ぐことになる。

◻ 倫理的な問題

　前節では倫理的な問題について軽く触れたが、この問題は独立して議論すべきテーマである。

　AIドリブンの意思決定という観点から見ると、倫理的な問題の主要な源泉は、大量のデータを使って予測を行う予測段階に集中している。データにバイアスがかかっていると、機械学習による予測はそのバイアスを増幅させることが多い。そのプロセスを具体的に見てみよう。

　貸付をするかどうかの意思決定のために、銀行が新しいクレジットカードの発行を認めるかどうかを予測したいものとする。ほとんどの銀行は伝統的に保守的であり、十分な信用データを持たない少数派の人口グループの多くは、最初から拒否されたり、入口を突破しても最終的に拒否されたりしてきた。機械学習アルゴリズムは、"少数派の潜在顧客はクレジットカードを発行してもらえない"というパターンをすぐに見つけ、それ以上深く掘り下げないので、費用効果のあるビジネスケースを生み出せ

ない。

　私たちがこのような予測アルゴリズムの結果を使えば、そのような少数派人口グループの人々への貸付を拒絶し、すでにあるバイアスがさらに強化されてしまう。そして、これは信用供与のリスクとは無関係だ。純粋にデータの性質の問題である。そして、大規模な形でデータからバイアスを取り除くにはどうすればよいかという問題は、機械学習コミュニティで活発に研究されている分野である。バイアスは批判的な報道によって企業にも影響を与える[*1]。

　バイアスの問題ほど活発に議論されていないが（活発化させにくいので）、片方の介入群には新しい方法（トリートメント、治療）、もう片方の対照群には従来の方法をランダムに提供するA/Bテストにも倫理的な問題が指摘されている。世界中の多くの大学の研究者たちが人間を被験者とする実験を行うときには、組織内外の倫理委員会の承認を受けなければならないことになっているが、ほとんどの企業は実験のために委員会の承認を得る必要はない。しかし、A/Bテストは被験者に影響を与えることを忘れてはならない。

　ウェブページの2種類のレイアウトを表示する例について考えてみよう。ランダムに選択された片方の顧客グループには従来のレイアウトが表示されるのに対し、もう片方の顧客グループには会社が検証したい新バージョンのレイアウトが表示される。計測したいのは、コンバージョン率、つまりウェブページを見た何人の顧客が商品を購入したかである。この単純なテストでも倫理的な問題が起き得る。それは、片方のグループにネガティブな影響を与えていないかという問題だ。もちろん、色を変えただけなら問題にはならないかもしれないが、どちらとも判断しづらい現実的なシナリオはいくつも想像できる（たとえば、虐待されている子どもや戦争の犠牲者の写真を見せるなど）。

　倫理的な問題の難しさは、間違っているものとそうでないものを正確、明確に区別しにくいことである。たとえば、ハードウェアやソフトウェアの欠陥が売上に与える影響（顧客の離反によって）を推定しようとしている携帯電話メーカーについて考えてみよう。ハードウェアの欠陥は予測しづらく、品質管理にはコストがかかるが、この会社は、自分にとって最適な欠陥率（たとえば、3%とか4%といった数字）を知り

[*1]　最近の例としては、『New York Times』の "Apple Card Investigated After Gender Discrimination Complaints"（性差別の訴えによりアップルカードに当局の調査）（https://oreil.ly/mIj-B）がある。

たいと思っている。そこでこの会社はA/Bテストを実施することにした。ランダムに選択した片方のグループには欠陥のある携帯電話を作って売る。そして、対照群と比べて顧客の離反にどの程度の影響があるかを計測する。適切にテストをデザインすれば、ハードウェアの欠陥と顧客離反の因果効果が明確に推定できる。すると、品質管理の最適なレベルがどのあたりにあるかを考えられる。

みなさんはこの実験についてどう思われるだろうか。同僚や学生とこの種の実験について何度か議論しているが、離反した顧客に対照群の顧客と同等かそれ以上の顧客サポートサービスを提供しているという話を付け加えても、ほとんどの人は嫌なやり方だと言う。

分析の道具箱の中のツールを使うときには、考えなければならない倫理的な問題点がたくさんある。少なくともそれらの問題を意識し、特定の人々やグループに影響を与えるようなバイアスをできる限り分析結果から取り除く努力をしなければならない。

8.3　締めくくりとして

かつてないほどの利益を生み出すことを企業に約束したビッグデータ革命が始まってからかなりの時間がたった。ビッグデータ革命と計算能力の向上のためにAI革命が到来し、AIによってどの程度のことができるかを理解しつつあるところまで来た。

本書のもっとも重要な論点は、価値はデータや予測ではなく判断/意思決定によって生まれるということだ。ただし、データと予測は、AIドリブンまたはデータドリブンな意思決定をするために欠かせないインプットである。

系統的かつスケーラブルに価値を生み出し、よりよい意思決定を下すためには、分析スキルを向上させなければならない。本書では、私がさまざまな会社で実務者や意思決定者として仕事をして、もっとも役に立つと感じた方法を説明した。私はまた、学生、ビジネスパーソン、実務者たちが、これらの新しいテクノロジーから価値を生み出すためのよりよい方法を理解するために必死になっていることを感じてきた。本書が彼らをその方向に導くことができれば本望だ。

近い将来に意思決定が自動化されることを期待できるだろうか。ある意味では、変化のない単純な環境などでの単純な意思決定の多くはすでに自動化されている。しかし、近い将来に何らかの汎用人工知能で人間がしているような複雑な意思決定を自動化できるとは考えにくい。それまでは、私たちが所属企業や社会全体のためにより多くの価値を生み出す余地は十分にある。

機械学習の初歩についての
簡単な説明

　付録では、機械学習とは何かについて完結した形で簡単に説明する。複雑な手法の内部まで踏み込むことはしない。本書のテーマは、これらのテクノロジーから価値を生み出す方法を学ぶことであり、これらさまざまな手法の内容を学ぶことではない。この付録の目的はバックグラウンドとなる知識を提供することであり、できれば機械学習がどのような仕組みで機能しているかについてのイメージを伝えられればと思っている。興味のある読者のために、A/Bテストの基礎についても説明する。

A.1　機械学習とは何か

　機械学習は、データとアルゴリズムを使って何らかの課題を達成することを機械に学習させるための方法を研究する科学分野である。アルゴリズムとは、目標を達成するためのレシピ、すなわち目標が完全に達成されるまで繰り返し適用される命令の連なりである。アルゴリズムは、人間がコンピュータとやり取りするための手段であるプログラミング言語で書かれている。プログラミング言語による記述は、コンピュータが処理、計算できるマシン語に翻訳される。

A.2　MLモデルの分類

　機械学習アルゴリズムは、まず**教師あり**、**教師なし**のどちらかに分類される。

　一般に、課題の達成に成功したかどうかを誰かまたは何かが教えてくれる場合、それは教師ありの学習である。

　たとえば、コンガのような楽器の演奏方法を学ぶときには、先生がよい音とはどのようなものかを実演して示してくれる。

　あなたは自分で同じような音を出そうと努力し、先生はテクニックや音が完全なものに近くなっているかどうかを教えてくれる。

このように、理想と試みを比較するプロセスが含まれる学習を**教師あり**学習と呼ぶ。

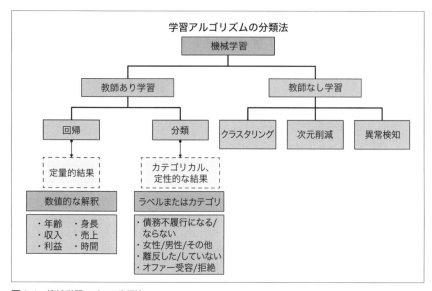

図A-1 機械学習モデルの分類法

A.2.1 教師あり学習

教師あり学習アルゴリズムもそれと同じで、世界はどうなっているか、アルゴリズムによる推測とどう違うかについての手引を人間が与える。そのために、まず人間がデータに**ラベル**を与えなければならない。たとえば、画像をインプットすると、そこに何が写っているか（たとえば犬）をアルゴリズムが正しく識別するという画像認識の問題について考えてみよう。私たちは"犬"というラベルを付けて十分な数の犬の写真をアルゴリズムに与える。それと同時に、"猫"、"ドラム"、"象"といったラベルを付けてそれらの写真もアルゴリズムに与える。アルゴリズムは、ラベルのおかげで自分の最新の予測と現実を比較し、それに従って自分を調整していくことができる。

教師あり学習は比較的わかりやすい。必要なものは予測したラベルを生成するメソッド、予測したラベルと実際のラベルを比較するメソッド、時間とともに性能を向上させるための更新規則である。推測の品質全体は、**損失関数**によって評価できる。

損失関数は、データが完全に予測されたときには最小値に達し、予測力が下がると増加する。みなさんが想像した通り、私たちの目標は損失を最小化することであり、賢い更新規則は、これ以上改良を望むことは現実的に困難だという領域に達するまで損失を減少させていく[*1]。

A.2.2　教師なし学習

教師なし学習は、予測が正しいか間違っているかを明確に測定する手段がないので、教師あり学習よりもはるかに難しい。目標は、データに潜んでいるパターンを見つけることで、このパターンは目の前の問題を解くために役に立つ情報でもある。クラスタリングと異常検知という2つの例について簡単に説明しよう。

クラスタリングの目標は、比較的似ている顧客のグループを見つけることである。たとえば、異なるグループは互いに異なるようにする。クラスタリングはデータドリブンのセグメンテーションで広く使われている[*2]。

教師なしの異常検知では、観察された特徴量の分布を見て"予想通り"か"予想外"かを区別する。たとえば、通常の日には95%のセールスパーソンが7台から13台のコンピュータを販売するものとする。この範囲に入らないものに異常のラベルを貼る。

A.2.3　半教師あり学習

図A-1には書かれていないが、アルゴリズムがごく少数のデータ例から一般性のある知識を生み出せる**半教師あり**学習というものもある。機械学習の実務家たちの一部は、数千、数百万のデータポイントを与えなければ信頼性の高い予測が得られない最先端の教師ありテクニックではなく、このような形のほうが人間の学習方法に近いと考えている。子どもは、ごく少数の例を示すだけでものの見分け方を学ぶ。一部の実務者たちは、現在のAIが乗り越えなければならないもっとも重要な課題の1つは、このような半教師あり学習の問題だと考えている[*3]。

[*1]　MLでもっともよく使われている更新規則は、7章でも登場した**勾配降下法**である。

[*2]　これは、顧客をグループ分けするためのビジネスロジックをアナリストが指定するビジネスドリブンのセグメンテーションとは対照的な方法である。たとえば、24か月以上会社の商品を使っている25歳から35歳までの男性によるグループができることがある。

[*3]　この分野は、**自己教師** (self-supervised) 学習とも呼ばれている。https://oreil.ly/yky7W

A.3 回帰と分類

　学習アルゴリズムの分類をさらに続けよう。教師あり学習は、一般に回帰と分類の2種類に分類される。回帰タスクでは、ラベルは数値の形を取る。たとえば、顧客の年齢や収入レベルを予測したい場合や、顧客が自分たちの会社の商品を使い続ける期間を予測したいものとする。これらはすべて数値で正確に表現できる。40歳の隣人は39歳の弟よりも1歳年上で、47歳の旧友よりも7歳若い。回帰では、**値が厳密な数値表現を持っている**。

　それに対し、分類タスクでは、カテゴリカルなラベルを予測することが目標になる。顧客の性別、貸付したら焦げ付くかどうか、特定のある販売が詐欺的かどうかなどである。分類のラベルはカテゴリであり、付けたい名前を付けられることに注意しよう。性別の分類では、"男性"には "0"、"女性"には "1"のラベルを当てることもできるが、これら数値のラベルには数値的な意味はない。ラベルを逆にしてほかの部分をラベルの変更に合わせて再定義すれば、学習タスク自体は変わらない。片方がもう片方よりも大きいと言っても無意味であり、数値ラベルで足し算や掛け算をすることもできない。

　回帰問題は、順序付けできるという数値のメリットを生かしたまま簡単に分類問題に変換できる。特定のアクティビティから得られる利益を予測するのはビジネスでよく見られる回帰問題だが、正確な数値までは必要でない場合がある。たとえば、損失になる（負の利益）かそうでない（収支ゼロか正の利益）かだけわかればよいような場合だ。同様に、宣伝やマーケティングでは、行動の違いと年齢層の対応関係を知りたいだけで、顧客の年齢を正確に推定する必要はない。どちらの例でも、最終的には回帰問題ではなく分類問題になる。ちなみに、「7章　最適化」で説明した連続量をしきい値で2つに分割するテクニックはこれと同じことを言っている。

　ここで注意したいのは、数値を順序付きのバケツに分類するのは簡単だが、逆にバケツから元の数値ラベルを復元することはできない場合があることだ。カテゴリ内の平均値などの統計値で概算したくなるところだが、そういう方法は一般によくないとされている。たとえば、学校教育の年数という形で正確に計測された顧客の学歴レベル情報について考えてみよう。目の前のビジネスの問題のためには、顧客が大学を卒業しているかどうかだけを予測できればよいものとする。その場合、大学卒かどうかという境界線を使って、顧客の学歴が大学卒以上かそうでないかの2つのグループに世界を分割できる。しかし、そのあとでラベルを元に戻そうとしても、回帰の厳密な数値解釈は壊れているため、困ったことになる可能性がある。そして、各カテゴリに

適当なラベルを付け直して（たとえば、大学卒の人には1、そうでない人には0という
ラベルを与えて）、**回帰問題**のために使うと、回帰アルゴリズムはラベルを文字通り
数値として扱うので（意図としては比喩的なものであっても）、絶対に避けるべきだ。

A.4　予測の生み出し方

　現在のAIは予測テクニックなので、どのようにして予測が生まれるのかを感覚的
につかんでおくと役に立つ。まず、予測というタスクの抽象的だが十分に一般性のあ
る説明を作ろう。私たちの目的は、私たち人間が入力 $x_1, x_2, \cdots, x_K$ （特徴量とも
呼ばれる）によって変わるだろうと考えている成果 y を予測することである。予測を
得るためには、入力を成果に変換する必要がある。数学用語で言えば、関数
$y = f(x_1, x_2, \cdots, x_K)$ である。たとえば、次の四半期の営業利益（y）を予測し
たいと思っており、それはその四半期の天候の厳しさ（x_1）と予想される人件費
（x_2）によって決まると考えているものとする。この場合、特徴量は2つだけなので、
利益 $= f($天候$,$人件費$)$ である。

　現時点では、この関数がどこからやってくるのかはわからないが、もしそのような
関数があれば、予測は比較的簡単だということに注目しよう。方程式の右辺に入力の
値を代入して得られた出力が私たちの予測である。たとえば、天候の厳しさが雨量
2540ミリで人件費が15,000ドルだとすると、営業利益は $f(100, 15000)$ だという
ことになる。この関数が $2,000 x_1 - 2 x_2$ という線形関数なら、値を代入して利益は
$2,000 \times 100 - 2 \times 15,000 = \$170K$ だと計算できる。

A.4.1　代入方式の注意事項

　この方式の単純さには2つの注意点がある。第1に、予測を得るためには特徴量の値
を代入しなければならないので、それらの値はわかっていることが前提となる。先ほ
どの例に戻ると、次の四半期の営業利益を予測するためには、天候の厳しさの値を代
入しなければならない。その天候とは、現在の四半期か次の四半期のどちらの四半期
の天候だろうか。今期の降雨量なら計測できるが、実際に重要なのが次の四半期の降
雨量なら、**予測をするための予測**が必要になる。この例の教訓は、予測をしたいなら、
この種の依存関係を避けるように入力を慎重に選ばなければならないということだ。

　第2の注意点は、予測が回帰か分類かに関わるものである。回帰の場合、関数 $f()$
は数値の特徴量を数値の成果に変換するので、代入方式はうまく機能する。数学の関
数に私たちが期待するのはそういうことだ。しかし、"犬"、"猫"、"列車"のような

カテゴリのラベルを出力する関数はどうすれば定義できるのだろうか。この問題を解決するために、分類では数値の特徴量を確率に変換する関数を用意するというテクニックが使われる。この確率は、現在の例がどのくらいの確信度で与えられた分類に含まれるかを表す。つまり、分類のタスクでは、一般に**確率スコア**を予測し、**意思決定ルール**の助けを借りてそれを分類に変換するのである。

性別の予測の例

　分類モデルとは何かを説明したときに触れた性別の予測の例に戻ろう。顧客がPinterest[*4]、Distiller[*5]など、どのようなアプリを使っているかをモニタリングしているものとする。毎日個々のアプリを何回使っているかによって、顧客が"男性"である確率を予測したい。つまり、確率 (男性) = f(Pinterest 実行回数, Distiller 実行回数)である。確率の性質から、男性ではない（女性またはその他である）確率は、1から"男性"である確率を引いた値になる。かなり強引な単純化ということは認めるが、話を進めやすくするために、顧客基盤には男性と女性しかいないものと仮定しよう。この議論は3つ以上の性別を扱う場合にも拡張できるが、最初は2値分類問題のほうが簡単だ。

　たとえば、Pinterestを30回、Distillerを2回起動した顧客に対して、$0.51 = \text{Prob(Man)} = f(30, 2)$ という値が得られたとする。この場合、この顧客が"男性"であると予測される確率は51%である（"女性"である確率は49%）。もっとも一般的な意思決定ルールは予測された確率がもっとも大きいカテゴリに分類するというものであり、この場合なら"男性"というカテゴリになる。画像認識や自然言語処理のディープラーニングアルゴリズムを含め、すべての分類モデルはこのような仕組みになっている。カテゴリを識別するわけではない。各カテゴリに確率を与え、私たち人間が選んだ意思決定ルールで確率をカテゴリに変換しているのである。

最適な意思決定のための入力として教師あり学習を使うことについて
本書では一貫してAIは意思決定プロセスの基本的なインプットだと言ってきている。どういうことかを理解するために、「6章　不確実性」で不確実性をともなう意思決定をするときに、最適化しようとしている指標の期待値を比較して期待値が最大になるレバーを選んだことを思い出そう。帰結が2

[*4] ［訳注］画像収集・共有サービス。https://www.pinterest.jp/

[*5] ［訳注］ウィスキー、テキーラ、ウォッカなどさまざまなお酒についての情報が揃い、新しいお酒との出会いを提供するサービス。https://distiller.com/

つのときの期待値は次のようになる。

$$E(x) = p_1 x_1 + p_2 x_2$$

分類モデルは、確率推定 (p_1, p_2) を生み出す。それに対し、直接回帰を使って個々のレバーの期待効用を推定したほうがよい場合もある。

A.4.2　この関数はどこからやってくるのか

　入力を成果に変換する関数が手元にあるときにどのように予測をするかはわかった。最後の問題は、どうすればそのような関数が手に入るかだ。営業利益の例に戻れば、降雨量と人件費の変化によって利益はどのように変わるのだろうか。

　データドリブンの方法では、ほかの制約を設けずに最良の予測を提供するように関数を適合させる教師ありアルゴリズムを使う。実務者の圧倒的多数はこの方法を使っている。それに対し、モデルドリブンの方法では、まず原則を設け（場合によってはデータをまったく見ずに）、どのようなタイプの関数が認められるかについての制約を設ける。この方法は主として計量経済学者が使っているもので、業界ではまず見られない。最大の利点は、最初から理論が組み立てられているので**解釈可能な**予測が得られることだ。しかし、一般に予測力は第1の方法よりも劣る。

　解釈可能性と予測力のトレードオフは機械学習では広く見られるもので、いくつかの重要な帰結を生み出している。第1は、オファーを提供したり意思決定をしたりするために予測アルゴリズムを使ったときに、なぜそのように決めたかを説明できないことが倫理上、問題になる場合があることだ（"この人を採用すべきか"とか"被告は有罪か無罪か"といった問題について考えてみよう）。倫理的な問題については、「8章　まとめ」で深く掘り下げている。第2は、このような透明性の欠如が、これらの手法をビジネスの世界で広く普及させるための障害になっていることだ。人間は、意思決定する前に**なぜ**ものごとがそうなるかを理解したがるものだ。データサイエンティストたちがその**なぜ**を説明できなければ、予測されたソリューションのほうが優れていても、ビジネスサイドの人々は従来の方法で意思決定していく可能性がある。

A.4.3　優れた予測の生み出し方

　今までの説明で、入力を成果に変換する関数があり、入力である特徴量の値がわかっていれば、予測をするのは簡単だということはわかっていただけただろう。しかし、どうすれば**優れた**予測ができるのだろうか。この本がベストセラーになるだろうと予測したとしても、まったくの的外れなら意味はない。

残念ながら、優れた予測を生み出すための魔法のレシピはない。しかし、従うべきグッドプラクティスはある。まず、関数をデータに適合させることとよい予測をすることは別だということを認識しなければならない。実際のデータセットを記憶すれば、そのデータに対して完璧な予測ができるのは当然のことだ。優れた予測のためには、新しいデータを受け取ったときに予測能力を**汎化**できるかどうかが鍵になる。

データサイエンティストたちは、通常、データセットをランダムに**トレーニング用**と**テスト用**に分割することによってこの問題に対処している。まず、アルゴリズムを使って、トレーニング用データで最高の成績を出せるように関数を適合させてから、テスト用データで予測品質を評価する。

トレーニングセットへの適合に力を入れすぎると**過剰適合**に陥り、実際のデータへの汎化能力が低くなる。データの一部をテスト用データとして置いておくことによって"実際の世界"をシミュレートしていることに注意しよう。モデルをトレーニングしたときから予測をしたときまでの間に世界が有意に変化する（予測問題に関連して）ようなことがない限り、通常、このシミュレーションの品質は高い。AIはこのような非定常の条件に対する汎化能力がないことでよく批判されている。過剰適合のために新しいデータに対してうまく外挿できなくなる例は、あとでお見せするつもりだ。

データの小さな変化によって予測がぐらつかないようにすることも、グッドプラクティスの1つである。これにはさまざまな形がある。たとえば、外れ値に極端に敏感なアルゴリズムがあるので、トレーニング段階で観測値に含まれる異常値を取り除くという方法がある[*6]。外れ値を含むデータセットに強いアルゴリズムを使う方法もある。たとえば、さまざまなモデルの予測の平均を取ったり、平滑化したりするアルゴリズムがある。

A.5　線形回帰からディープラーニングへ

AIの初期の時代から、予測テクニックには複数のものがあったが、現時点での最先端はディープラーニング（深層学習、DL）であり、ディープラーニングの登場こそ今誰もがAIを話題にする理由である。ここは人工ニューラルネットワーク（ANN）の技術的な細部に踏み込むべき場所ではないが、アルゴリズムの仕組みについて、直

[*6]　たとえば、中央値と比べて平均は極端に外れ値に敏感に反応する。$(1, 2, 3)$ という3つの値では、平均も中央値も単純に2である。しかし、データセットを $(1, 2, 300)$ に変えるとどうなるだろうか。中央値は依然として2だが、平均は101になる。

感的な説明をしておくことには意味があるだろう。少なくとも、神秘的な印象は取り除けるはずだ。そしてそのためには、予測アルゴリズムの中でもっとも単純な線形回帰をまず説明すると効果的だ。

A.5.1　線形回帰

線形回帰では、さまざまな入力（特徴量）$x_1, x_2, \cdots, x_K$ の関数として定量的な出力 y をモデリングする。ただし、この関数では線形な表現だけを使うという制限を設ける。つまり、$y = \alpha_0 + \alpha_1 x_1 + \alpha_2 x_2 + \cdots + \alpha_K x_K$ という形である。アルゴリズムの選択によってデータに適合させてよい関数の種類に制約がかかることに注意しよう。この場合、学習とは、手持ちのデータに近似し、何よりも大切なことだが新しいデータにも汎化できるような重み、係数 α_k を見つけることになる。

新しい店を出したいが、候補地が複数あるので、ROI（投資利益率）がもっとも高い場所がどれかを知りたい場合について考えてみよう。個々の候補地の利益を予測できれば、これは簡単な仕事だ。予算の範囲内で、さまざまな候補地のうち、予測利益がもっとも高い場所で店を開店すればよい。

利益は売上から費用を引いた額なので、理想のデータセットは、すべての候補地でこの2つの数値を含むものである。しかし、容易に想像できるように、そのようなデータセットを用意するのは難しい場合がある。たとえば、午前9時から正午までの間に市内のあらゆる通りの通行人の数を教えてくれるデータセットが見つかったとする。通行人が多ければ多いほど、利益は高くなると推測しても、最初の段階では問題はないだろう。売上は販売数から生まれるもので、販売数は店に入り、ものを買う人々によって生まれる。誰も歩いていない通りに店を出しても、ものが売れる可能性は低いだろう。それに対し、店の前を通り過ぎる人がいれば、何かの幸運によりその一部が店に入ろうと思い、何かを買っていくはずだ。これで売上のほうは片付いたが、費用のほうはどうだろうか。ほかの会社の店長も私たちと同じように考える可能性が高いので、物件を取り合うことになるかもしれない。そうすると、費用が高くなる。以上のストーリーでは、効果の**方向性**だと考えているものを話題にしているだけで、実際の**額**を話題にしていないことに注意しよう。結果が直感と一致しているかどうかは、アルゴリズムをデータに適合させてからチェックすることになる。

単純な線形モデルは、利益（y）が通行人の数（x_1）によって増加する、すなわち $y = \alpha_0 + \alpha_1 x_1$ とする。私たち人間が次の3つのことを決めていることに注意しよう。

1. 予測したい成果は、各店の利益である。
2. 利益は各店舗の前の通行人の数**だけ**で決まる。これは大きな単純化だ。
3. 使うのは線形モデルだけとする。これも大きな単純化である。

線形回帰では、次に**予測がもっとも正確になる**パラメーター α_0, α_1 は何かを考える。

図A-2は、現在稼働している10店舗（仮説的なものだが）について通行人の数の関数として利益を描いた散布図である。データの中に通行人が多ければ利益も高くなるという傾向があることはすぐにわかる。

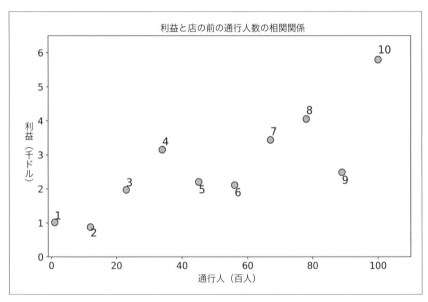

図A-2 仮説的な10店舗の利益と通行人の数

"予測がもっとも正確になる"を実現するためにもっともよく使われているソリューションが最小2乗法である。**図A-3**に示すように、アルゴリズムはこの損失関数で平均誤差を最小化するパラメータを見つける[*7]。この線形モデルによる予測は破線で示

[*7] 正式には、最小化されるのは誤差の2乗の平均である。こうすることによって正と負の誤差が対称的に扱われる。

されるものになり、誤差（縦の線で表されている）は正にも負にもなる。たとえば、店舗10の場合、予測は実際の数値よりも2,000ドル近く低く、誤差は正である。それに対し、店舗2、5、6、9については、通行人の数に基づいて実際の利益よりも多くの利益が得られると予測している。実際の予測方程式は、グラフの下部に書かれている。このデータセットからアルゴリズムが見つけたのは、$\alpha_0 = 0.9$ と $\alpha_1 = 0.04$ である。どのようにしてこの数値を見つけたかの詳細は本書では説明しないが、アルゴリズムは、計算結果が小さくなるようにさまざまな値を試しているということだけは言っておこう。さまざまなパラメータの組み合わせをランダムに試してみるという素朴な方法では、組み合わせが膨大な数になるため、最良の値を見つけるまでに何年もかかってしまう[8]。

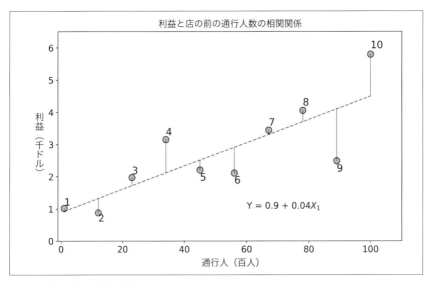

図A-3 線形回帰の誤差の予測

この方程式は、計算の苦痛を引き受けるデータサイエンティストたちの知的好奇心

---

[8] 通常の最小2乗法（OLS）には実際には閉形式の解がある。つまり、十分よい推定値に収束するまで反復的にパラメータを試す必要はない。しかし、**勾配降下法**を使って、少しずつ重みを調整して最適なパラメータセットに近づいていくシステムもある（7章）。複数のノード、サーバーにデータを分散させなければならないようなビッグデータを対象としてOLSを使うときには、一般に勾配降下法を使っている。

の対象に留まるものではない。通行人数を利益に変換する有望なメカニズムの1つの解釈を示しているのである。つまり、店の前を歩く通行人が100人増えると、40ドルの利益が"生まれる"ということだ。この結果を因果関係として解釈することのリスクについては「2章 分析的思考入門」で述べたが、今はこの数式がビジネスにとって重要なコンテンツを含んでいるかもしれないことに注目することが大切だ。何しろ、分析結果を非常に単純に解釈できるのである。AIを使って価値を生み出すために必要なタイプのコンテンツだと言うことができるだろう。先ほども述べたように、線形回帰は解釈可能性と予測力のトレードオフにおける一方の極端であり、理解することや説明できることが求められるときによく選ばれるアルゴリズムである。

私たちの分析結果に戻ろう。この予測は一部の店舗ではかなり正確だが、一部の店舗では的外れだ。モデルの予測は、店舗1、3、5、7、8ではほぼ正確だが、店舗9、10では正確とはとても言えない。最小2乗法の特徴の1つは平均誤差が0になることで[*9]、そのため正の誤差と負の誤差は打ち消し合う。

なぜ線形回帰と呼ぶか

線形回帰がわかりにくい最後の要因の1つは、"線形"という言葉の本当の意味である。**図A-4**は、線形回帰を2次効果に適合させた結果を示している。潜在顧客数の関数としての売上は費用よりも成長の度合いが早いのではないかと考えたとする。そうであれば、利益は非線形に上昇するはずだ。線形回帰は、そのような非線形の効果も問題なく処理できる。"線型性"は未知のパラメータがどのようにして方程式に入ってくるかを表すものであり、入力が線形かどうかを表しているわけではない。この場合、非線形性を捉えるために通行人数の2乗という第2の項を追加すると、アルゴリズムは完全に要請に応えてくれる。

よく見られる非線形性としては、交互作用というものもある。店舗の近隣地域の平均家計収入を表す第2の変数を追加したとする。私たちが扱う商品は、中低所得者向けだ。そのため、近隣に中高所得者が住んでいても、ターゲットである中低所得者が近隣にいるのと比べて生み出す利益は低いのではないかと考えられる。これは、優れた予測モデルを作るためには特徴量の交互作用を認める必要があることを示す例である。

[*9] この性質は、定数、切片、バイアス項と呼ばれる α_0 を入れるときにはかならず満たされる。

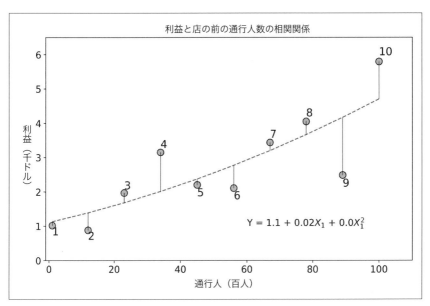

図A-4　2次方程式への適合

◻ その他の変数の統制

　線形回帰はデータの関係について直感的に捉えるために役に立つ。私は、線形回帰のもっとも重要な成果は、回帰に統制変数（「2章　分析的思考入門」で交絡因子と呼んでいたもの）を組み込めば、変数の正味の影響を推定できるとする**FWL定理**（https://oreil.ly/WHtde）だと思っている。

　具体例を使って考えてみよう。先ほどの回帰の結果は繁盛している近隣の商業地域に潜在顧客が集まっているために歪められており、利益が低いのは顧客数だけのためではなく、近隣の強力な競合店舗による価格効果のためではないかと考えたとする。この第3の変数は、推定しようとしている純粋な量的効果の交絡因子として機能する可能性がある。

　この効果は、線形回帰に近隣の店舗数という変数を追加すれば統制できる。

$$y_i = \alpha_0 + \alpha_1 x_{1i} + \alpha_2 x_{2i} + \epsilon_i$$

　x_{1i} は以前と同じように単位時間当たりの通行人数を表す。x_{2i} は近隣の他店舗の数を表す。これら2つは、どちらも店舗 i のための変数である。

　FWL定理によれば、この回帰式から推定された通行人（および近隣の店舗数）の係数は、回帰式に含まれるほかの統制変数の影響を受けない**正味**の係数になる。このことは、次の3つの回帰を推定すると**まったく同じ結果**が得られることから確認できる。

1. y_i を x_{2i}（および定数）に回帰し、残差（η_i と呼ぶ）を保存する。
2. x_{1i} を x_{2i}（および定数）に回帰し、残差（ν_i と呼ぶ）を保存する。
3. 最後に η_i を ν_i（および定数）に回帰する。ν_i の係数は、長い回帰式から推定された係数 $\hat{\alpha}_2$ とぴったり一致する。

　ステップ1と2で交絡因子が変数に与えるかもしれない影響を**除去**していることに注意しよう。これらの新しい変数（対応する残差）が得られれば、単純な2変量回帰によって目的の推定値が得られる。本書のGitHubリポジトリには、FWL定理のデモと関連ファイルが含まれている。

　同じ回帰式に統制変数（交絡因子）を組み込めば正味の効果が得られる。すばらしい結論だ。

◻ 過剰適合

　図A-5は、6次式を含む線形回帰に適合させた結果を示している。上のグラフは、この関数がトレーニングデータに見事に適合していることを示している。しかし、大切なのは新しいデータへの汎化だ。下のグラフは、トレーニング段階で使って**いない**10店舗のテストデータに対する予測の結果を示している。しかし、テストセットではトレーニングセットほどうまく関数が適合していないように見える。過剰適合は、トレーニングデータとテストデータの予測誤差を多項式の次数の関数としてグラフに描けばチェックできる。

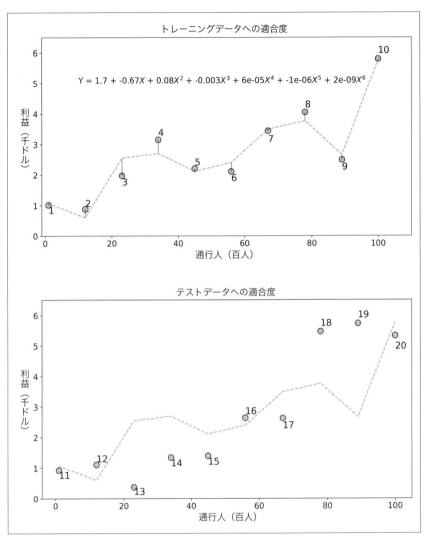

図A-5 過剰適合の事例

図A-6は、多項式の次数という形で線形回帰に与えた柔軟度の関数としてトレーニングデータとテストデータの平均予測誤差を示したものである。ここからもわかるように、トレーニングデータでは、次数を上げるごとに誤差は一貫して減っていき、少しずつよくなる。トレーニングデータについてはかならずそうなる。だからデータサ

イエンティストたちは予測モデルの評価のためにほかのデータセットを使うのである。テストデータでは、3次以上の多項式で過剰適合の証拠が現れる。予測誤差が最小になるのは2次式で、3次式以上では誤差が上がり、汎化能力が下がる。

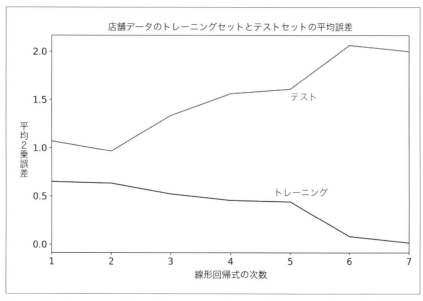

図A-6　線形回帰の次数を上げたときのトレーニングデータセットとテストデータセットに対する予測誤差

A.5.2　ニューラルネットワーク

　ニューラルネットワークの説明は、線形回帰のために奇妙な図を描くところから始めさせてほしい。これは2つのテクニックを橋渡しするための図だ。**図A-7**は、エッジ（辺）と呼ばれる線でつながれた円形のノード（頂点）を描いている。つながりの強さは、重み α_k によって表される。このようなノードとエッジを集めたものをネットワークと呼ぶ。ネットワークは、入力と出力の関係を可視化する手段となる。X_1 は出力に α_1 という大きさの影響を与える。同じことが X_2 にも当てはまる。以下の節では、学習アルゴリズムは、線形回帰では予測誤差が最小になるような重みの集合を見つけるが、**ニューラルネットでもそれは同じだ**ということを覚えておくようにしよう。

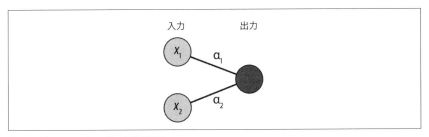

図A-7 ネットワークとして描いた線形回帰

　回帰では $y = \alpha_0 + \alpha_1 X_1 + \alpha_2 X_2$ なので、右辺の値は成果 y と一対一で対応している。たとえば、$\alpha_1 = 1$、$\alpha_2 = 0$ で切片、バイアス項がなく、入力が2と1なら、等号のおかげで $y = 2$ だということがわかる。これは私たちにとって魅力的な線形回帰の性質の1つである。しかし、$y = g(\alpha_0 + \alpha_1 X_1 + \alpha_2 X_2)$ となる何らかの関数 $g()$ のようなもっと一般的な形を想像することもできる。こうなると、私たちは線形回帰の領域から外れる可能性が高いが、問題次第では、このような形のほうがデータによく適合するだろう。そして、新しいデータに対する汎化性能も線形回帰より優れているかもしれない[*10]。

◻ 活性化関数：さらなる非線形性の追加

　活性化関数、または**伝達**関数と呼ばれるものは、そのような $g()$ 関数の1つである。線形回帰の暗黙の活性化関数は、もちろん線形である（**図A-8**参照）。しかし、もっと変化のある複数の活性化関数が実務者にとって必要不可欠なものとなっている。ReLU（正規化線形ユニット）関数は、$\alpha_0 + \alpha_1 X_1 + \alpha_2 X_2$ が0か負の数なら出力が0になるが、正の数なら線形回帰の世界に戻る。この関数は変換結果の合計が正になったときだけ活性化されることに注意しよう。正規化線形ユニットという名前はこの性質から付けられたものである。ReLUよりも滑らかな形のシグモイド活性化関数というものもある。活性化関数は、予測モデルに非線形の効果を組み込む方法の1つである。もともとは、脳内のニューロンが着火する仕組みについての私たちの知識を取り込むために導入されたものだったが、現在はモデルの予測力が向上するからという理由で使われている。

[*10] たとえば、$g(z) = exp(z)$ なら、まだ線形回帰が使える。対数変換を使えば、新しい変換結果 $\ln(y)$ とともに線形の世界に戻ってこれる。

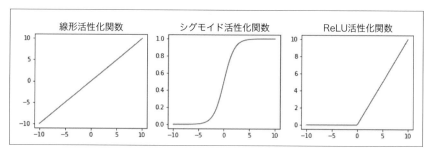

図A-8　さまざまな活性化（伝達）関数

　これでニューラルネットワークとは何かを理解するための道具は揃った。ニューラルネットワークとは、**図A-9**に示すようなノードとエッジ（つまりノード間のつながり）を集めたものである。左側は、入力が2つだけのネットワークで、個々の入力は2個の隠し（中間）ノードに影響を与える。影響の強さは、対応するパラメータ（重み）によって決まる。個々の中間ノードの出力に対して非線形活性化関数を使うことも選べる。個々の隠しユニットの強さが明らかになれば、再びそれらに重みを付け、場合によっては活性化関数を介在させてそれを1つの出力にまとめる。すぐには理解できないかもしれないが、これらのノードとエッジの配置はもともと人間の脳の仕組みをエミュレートするためにデザインされたものだ。ノードはニューロンで、ニューロンはシナプス、すなわちネットワークのエッジで結ばれている。しかし、現在ではこのたとえ話を文字通りに受け取っている実務者はほとんどいない。右側は、隠れ層が2つある少し深いネットワークを示している。2個の隠れ層の幅、すなわちノード数は異なっている。1つの層のすべてのノードが次の層のすべてのノードとつながっているので、これは完全接続ネットワークになっているが、すべてのネットワークが完全接続だというわけではない。それどころか、ノード間のエッジの一部を系統的に削除することは**ドロップアウト**と呼ばれ、ディープラーニングの過剰適合を制御する方法の1つになっている。

　深層ニューラルネットワークはどんどん大きくなってきており、隠れ層が数百、ニューロンが数十万から数百万というようなものが登場してきている。さらに、これらニューロンの組み立て方、すなわちアーキテクチャを豊かにしていくことが、コンピュータビジョンや自然言語処理といった問題を解く上で欠かせないことが明らかになっており、現在、活発に研究が進められている。

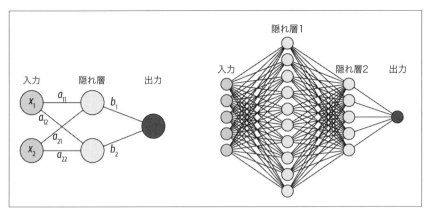

図A-9 深層ニューラルネットワーク（DNN）の2つの例。左は隠れ層が1個、入力が2個のネットワーク、右は入力が5個、隠れ層が2個のネットワークとなっている

◘ ディープラーニングの成功

　では、DLをめぐる騒ぎは一体何なのだろうか。ANNや畳み込みネットワーク（CNN）などの関連アーキテクチャは、従来人間並のレベルで解くのが難しいと思われていた問題をかなりの高成績で解くことに成功している。

　画像認識の分野では深層CNNは人間に匹敵する結果を出せるようになり、画像の分類では人間の能力を超えている。2012年にそのような深層CNNの1つであるAlexNetがImageNetコンペで優勝し、分類誤差を26%から15.3%に縮小して、ほかのアプローチに対するDLの優位性を示した[*11]。深層CNNは年々この誤差率を下げてきており、今や1,000カテゴリまででは人間の認識、分類能力を上回っている[*12]。深層CNNの各層は、画像のさまざまな抽象レベル、細部を認識する。たとえば、第1層はものの形や輪郭を認識し、第2層は線や縞などのパターンを認識する。

　言語はRNNが大きなインパクトを与えたシーケンシャルデータの例である。シー

[*11] この数値は、個々の画像に対する上位5個までの予測の中に正しいラベルが含まれているかどうかを調べるトップ5誤差率である。従来の誤差率はトップ1誤差率で、アルゴリズムは画像ごとに1個の予測しかできない。ベンチマークとして計測されたこのデータセットでの人間の誤差率は約3.6%で、これは100枚の画像を分類したとき、96枚までは上位5個の予測に正解が含まれているという意味である。

[*12] ImageNetデータベースには2万以上のカテゴリがあるが、コンペでは1,000しか使われていない。

ケンシャルデータには、出現順序が意味を持つという性質がある。たとえば、"I had my room cleaned"と"I had cleaned my room"は、まったく同じ単語を異なる順序で並べたもので、意味が微妙に異なる[*13]。まわりの語から1個の単語を予測するときにも順序が意味を持つ。これは、私たちが文脈を抽出する方法と似ている。シーケンシャルデータを扱うときには、以前何が起き、今の状態がどうなっているかを記憶する何らかのメモリが必要になるという難しさがある。連続した入力を使うとき、RNNはこのメモリにアクセスして現在の入力と結合し、予測を更新するという多階層ニューラルネットワークとは対照的な方法を使っている。このタイプのネットワークは、音声認識、画像のタイトルの作成、機械翻訳、質問への返答などの問題で途方もない力を発揮し、市販されているバーチャルアシスタントにはかならず搭載されている。企業は、これらのテクノロジーのおかげで顧客とのコミュニケーションのあり方を変えてきている。これは自然言語処理への応用という氷山の一角に過ぎない。

ビデオゲームや戦略ゲームも、DLが大きな影響を与えた分野の1つである。グーグル傘下のディープマインドが開発したアルファ碁は、2015年以来、人間の囲碁棋士のトッププロたちを立て続けに破っている。これは、DLアルゴリズムの予測力と**強化学習**の組み合わせによって達成されたものだ。強化学習は、ていねいに作り込まれた報酬システムが適切なアクションに報酬を与えるというものである。アルゴリズムは、環境とのやり取りを通じてどうすれば将来の報酬を最大限に引き上げられるかを学習する。学習プロセスは、決定のよしあしから生み出される報酬の大小によって強力になっていく。現時点では、この種のアルゴリズムを利用できているのは、報酬関数が比較的単純で、アルゴリズムが学習する膨大なプレイのデータセットを簡単に生成できるゲームなどの非常に限られた分野だけだ。しかし、研究者たちは自動運転車、ロボット、工場の自動操業の改良のためにすでにこの種のテクノロジーを使っており、深層強化学習の将来は明るそうだ。

DL（そしてより広くML）は大きなインパクトを与えてきたし、今後も与え続けるだろうが、汎用の学習テクノロジー（たとえば人間の脳のような）ではない。MLが人間と比べて劣る分野としては、因果関係の特定と学習、経験をほとんど使えない学習（半教師学習、自己教師学習）、常識的な思考、文脈の抽出などが挙げられる（これらは全体のごく一部だ）。機械学習アルゴリズムは強力なパターン認識テクノロジー

[*13]［訳注］後者は自ら掃除したことが明らかだが、前者は誰が掃除したかを明らかにしていない。自分では掃除していない場合、後者のようには言えないが、前者のようには言える。

であり、そのように扱うべきである。

A.6　A/Bテスト入門

　今までの節では、実務者たちが広く使っている教師あり学習テクニックに重点を置きながら、MLの基本概念を紹介してきた。この最後の節では、「2章　分析的思考入門」で出てきたA/Bテストについて簡単に説明する。

　私たちの目標は、選択バイアスの影響がまったくないという現実には存在し得ない環境をシミュレートすることだということを思い出そう。顧客の正確なコピーを手に入れることはできなくても、**ランダム化**によってそのようなコピーマシンをシミュレートすることはできるはずだ。つまり、顧客たちをランダムに2つのグループに分け、片方（介入群）は新しいものを試し、もう片方（対照群）は試さないようにするのである。なお、グループを2つにしているのは説明しやすいからで、この手法は3つ以上の条件を試すためにも使えることに注意しよう。

　各グループの顧客が別人であることはわかっているが、適切な形でランダムなグループ分けができれば、選択バイアスは消える。顧客は偶然によって選ばれており、偶然にはバイアスはないはずだ。介入群と対照群が平均して**事前に区別不能**なランダム化の方法が望ましい。ランダム化の方法をより正確に知るために、顧客の年齢と性別がわかっているものとしよう。**実験を実施する前に**、介入群と対照群の性別の分布と平均年齢が等しくなっていることをチェックし、その通りになっていれば、ランダム化は正しく行われている。

ランダム化された実験を実施するときのリスク

　私たちは、無作為抽出は偶然の産物だという意味でランダムすればバイアスがなくなるとしてきた。私たちが実際に使っているのは擬似乱数であり、見かけはランダムな成果のようだが、実際には決定論的なアルゴリズムで計算されているものだ。たとえば、エクセルでは、=RAND()関数を使えば、一様分布からの疑似無作為抽出をシミュレートできる。

　大切なのは、ランダム化を使ったからといってかならずしも選択バイアスが消えるわけではないことを忘れないことだ。たとえば、**極端に低い確率**ではあるものの、まったくの偶然で介入群に男性、対照群に女性が集まる可能性がある。この場合、ランダム抽出によって性別による分類をしてしまい、結果にバイアスがかかる可能性を生み出してしまったのである。事前テストで見てわかる変数の違いをチェックして、ランダムな振

り分けになっているかどうかをチェックすることが大切だ。

最後になったが、顧客の片方のグループに現実的な影響を与える可能性があることから、倫理的な問題が生まれることがある。実験を実施する前に、倫理的に考慮すべきことのチェックリストをかならず作るようにしよう。A/Bテストの倫理的な問題については、「8章 まとめ」でより詳しく取り上げているので、参照してほしい。

◘ A/Bテストの実際

産業界では、ランダムな振り分けによって異なるグループの顧客に異なる扱いをすることをA/Bテストと呼んでいる。この名前は、広く使っているデフォルトのアクション A に対して別のアクション B（治療、対処法という意味で介入と呼ばれる）を試すということから付けられたものである。機械学習テクニックの多くとは異なり、A/Bテストはしっかりとした技術的知識がなくても実施できる。ただし、テストが少数の統計学的性質を満たすことを保証しなければならないが、これらは比較的簡単に理解でき、実行に移せる。通常、プロセスは次のようなものになる。

1. テストしたいアクショナブルな仮説を選択する。たとえば、女性のコールセンタースタッフのほうが男性のコールセンタースタッフよりもコンバージョン率が高いといったものである。これはきっぱりとしているが間違いなら反証できる仮説である。

2. テスト結果を定量化するための計測可能で関連性のあるKPIを選ぶ。この例では、コンバージョン率を選ぶことになるだろう。女性スタッフの平均コンバージョン率が男性スタッフと比べて"有意に大きく"なければ、介入は機能しなかったと結論付け、通常通りに仕事を続ける。**より大きい**の意味を正確に定義するために統計的推定の概念を使うのが標準になっている。

3. テストに参加する顧客の数を選ぶ。これは、慎重に選ばなければならない最初の技術的条件であり、すぐあとで説明する。

4. 顧客を2つのグループにランダムに振り分け、ランダム化によって同じようなグループが作られたことをチェックする。

5. テスト実行後、平均的な成果の違いを測定する。違いが純粋な偶然によるものかどうか（統計的推定）というかなり専門性の高い細部に注意する必要がある。

　ランダム化が正しく行われれば、選択バイアスは取り除かれ、平均的な成果の差から因果効果が推定できる。

◻ 検出力とサンプルサイズの計算

　ステップ3のテスト対象の顧客数の選択は、実務者たちが**検出力とサンプルサイズの計算**と呼んでいるもので、重要なトレードオフと直面せざるを得ない場面である。統計学的推定には、サンプルサイズが大きければ大きいほど推定の不確実性は下がるという共通の性質があることを思い出そう。 B グループに振り分けられた顧客グループの平均値は、それが5人、10人でも1,000人でも簡単に計算できるが、人数が多ければ多いほど統計的仮説検定から得られた推定は正確になる。純粋に統計学的な観点からは、実験や統計的仮説検定は大規模なほうがよい。

　しかし、ビジネスの立場からは、大規模なグループでの統計的仮説検定は望ましくない。まず、グループ分けは統計的仮説検定が終わるまで維持しなければならないが、そうすると、より利益が上がるかもしれない介入を試したり、もともとのシナリオ（対照群）を維持したりするために機会コストがかかることになる。そのようなことから、ビジネスサイドのステークホルダーたちは、できる限り早く統計的仮説検定を終えたがることが多い。私たちのコールセンターの例では、女性スタッフのグループのほうがコンバージョン率が低いということは十分あり得る。1日全部を最適でない方法でやれば、会社（及び同僚たちのボーナス）にとって重大な損害になる可能性がある。単純に最初は結果がわからないのである（しかし、このようなことが起きる可能性についての何らかの分析が含まれていなければ、実験を適切にデザインしたとは言えないだろう）。

　このトレードオフのために、一般に私たちは十分自信を持って実験の成否を言えるサンプルサイズと検出力を持つという条件の範囲内で**最小限の**顧客数を選んでいる。この問題は、偽陽性と偽陰性の問題につながっている。

◻ 偽陽性と偽陰性

　私たちのコールセンターの例で、私たちの最初の仮定とは裏腹に、男性スタッフと女性スタッフとでコンバージョン率は同じだとする。そうであれば、理論的には両グループの間に差は生まれないはずだが、実際には両グループの間には、たとえ小さくても**かならず**0以外の差が出る。では、このような平均的なテスト結果の差がランダムなノイズによるものか、小さいものの実際にある差なのかをどのようにして見分け

たらよいのだろうか。ここで統計学の出番がやってくる。

　誤って両グループの成果の平均には差があり、介入には効果があると結論付けた場合には、**偽陽性**がある。私たちは、このようなことが起きる確率を最小限に抑えられるような**サンプルサイズ**を選ぶ。

　一方、介入には実際に効果があるのに、十分自信を持ってそのことを言えない場合もある。一般に、これは実験の参加者数が比較的少ないときに起きる。そのために**検出力が足りない**テストになってしまったのだ。私たちのコールセンターの例では、実際には男性か女性のどちらかのほうがコンバージョン率が高いのに、スタッフの生産力は性別にかかわらず同じだと結論付けることになってしまう。

有意水準と検出力
統計的仮説検定を行う際の**有意水準**は偽陽性になる確率であり、**検出力**は介入群と対照群の差を正しく見つけられる確率である。

　図A-10の上のグラフは、検出力の足りないテストを示している。 B という新しい方法のほうが売上が30個多いが、サンプルサイズが小さいため、この差には十分な精度がないと推定される（縦線で示されている信頼空間が広く、両方と重なり合っていることからわかる）。

　下のグラフは、実際の差が50個に近く、平均と差を精密に推定できていることを示している（信頼区間が区間のように見えないぐらいらい小さく狭い）。

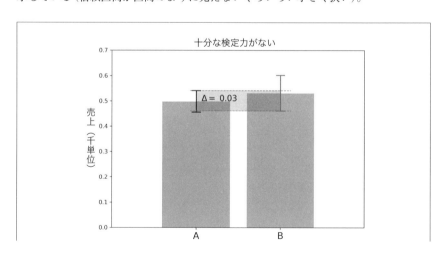

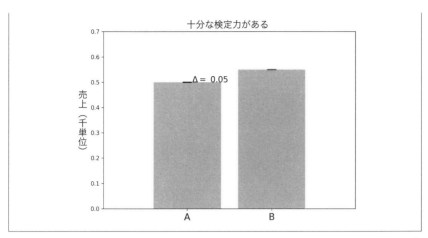

上のグラフは検出力が低いテストの結果を示している。介入群と対照群の間で平均に差があるが、各グループのサイズが小さいために、十分な精度でこの効果を推定できない。下のグラフは両群に差があり、そのように結論付けられるときの結果を理念的に示したものである

　A/Bテストにおける偽陽性と偽陰性のコストについて簡単に説明しておこう。そもそもこの実験で何を達成したかったかを思い出そう。今、私たちはあるレバーを引いているが、別のレバーを引けば、ビジネスにインパクトを与える特定の指標を上げられるかどうかを知りたい。だから、テストの成果は、Aのレバーを引き続けるか、Bという新しいレバーに切り替えるかのどちらかだ。偽陽性の場合、それほどよくない新方法を選ぶことになる。同様に、偽陰性の場合は間違ってAのレバーを引き続けることになり、これも業績に悪影響を与える。このような意味で、偽陽性と偽陰性は対称的だが（どちらの場合でも、不確実な長期的影響を受ける）、両者を非対称的に扱うことがよくある。たとえば偽陽性の可能性を5%か10%（有意水準）、偽陰性の確率を20%（1－検出力）にするのである。

　しかし、実験のデザインと実施には機会コストがかかるので、介入に効果があるという結果（実験を実施する上で最良の結果はこれだろう）が得られるという見込みで実験を実施したい。大半の実務者が、テストのサンプルサイズを固定し、最小限の効果を検出できる最小のサンプルサイズを探そうとするのはそのためだ。

サンプルサイズの選択

選択肢が2つだけのテストでは、一般に関係する変数の間に次のような関係が生まれる。

$$MDE = (t_\alpha + t_{1-\beta})\sqrt{\frac{\text{Var(Outcome)}}{NP(1-P)}}$$

ここで、t_k はt分布のもとで確率 k で仮説を棄却する棄却限界値、α と $1-\beta$ はテストのサンプルサイズと検出力（これらを変更して別の対応する棄却限界値を計算することもできる）、MDE は検出可能な最小限の実験の効果、N はテストに参加させる顧客数、P は介入群に振り分ける割合、Var(Outcome) は成果の値の分散でテストが成功か失敗かを判断するために使う。

この式からもわかるように、MDEを一定にしたとき、成果の分散が大きければ大きいほど、必要なサンプルサイズも大きくなる。A/Bテストではこれが標準であり、ノイズの多い指標は大規模な実験を必要とする。また、介入による小さな差を検出できるようにMDEをできる限り小さくすることも目標となる。その分、必要なサンプルサイズはさらに大きくなる。この方程式の完全な導き出し方は、本書のGitHubリポジトリで示している。

例A-1 は、実験のサンプルサイズの計算方法をPythonで示したものである。

例A-1 A/Bテストのサンプルサイズの計算

```
# コード例：A/Bテストのサンプルサイズの計算
from scipy import stats
def calculate_sample_size(var_outcome, size, power, MDE):
    '''
    A/Bテストのサンプルサイズを計算する関数
    MDE = (t_alpha + t_oneminusbeta)*np.sqrt(var_outcome/(N*P*(1-P)))
    df: 成果の分散を推定するときの自由度
    (サンプルサイズが大きければdfも大きくなるので人為的に1000に設定してある)
    '''
    df = 1000
    t_alpha = stats.t.ppf(1-size, df)
    t_oneminusbeta = stats.t.ppf(power, df)
    # 介入群と対照群の顧客数は同じ
    P = 0.5
```

```
# 最小限のサンプルサイズを返す
N = ((t_alpha + t_oneminusbeta)**2 * var_outcome)/(MDE**2 * P * (1-P))
return N

# 下の実行例のためのパラメータ
var_y = 4500
size = 0.05
power = 0.8
MDE = 10
sample_size_for_experiment = calculate_sample_size(var_y, size, power, MDE)
print('We need at least {0} customers in experiment'.format(
    np.around(sample_size_for_experiment),decimals=0))
```

　実際には、先に検出力とサンプルサイズを決めてからMDEを選ぶ。MDEは、ビジネスから見て実験が意味のあるものになる最小限の出力指標の変化だと考えることができる。これで数式から必要なサンプルサイズをリバースエンジニアリングできる。

　具体例を使って見てみよう。値下げによって顧客の平均購入額を上げられるかどうかを知るためにA/Bテストを実施したい。この価格弾力性実験のために、介入群は新しい値下げされた額、対照群は従来と同じ額で商品を購入する。購入額が非常に高い顧客がいるため、月々の購入額の分散は4,500ドル（標準偏差は約67ドル）になる。サンプルサイズと検出力は標準的な値を使っている（5%と80%）。最後に、ビジネスサイドのステークホルダーが、自分の立場から言えば、新しい方法の最小限の効果（MDE）が10ドル（1標準偏差の15%）にならなければ新しい方法を試す意味はないと言ったので、それに従っている。私たちはサンプルサイズ計算プログラムを使って、この実験には少なくとも1,115人の参加者が必要だということを導き出す。私たちの接触率は2%前後なので、1115/0.02＝約55.8K人の顧客にメールを送らなければならない。

A.7　参考文献

　機械学習全般についての本は多数ある。高度に専門的な内容を求める読者には、ロバート・ティブシラニ、トレバー・ヘイスティ、ジェローム・フリードマン共著『The Elements of Statistical Learning』（Springer）（邦訳版『統計的学習の基礎：データマイニング・推論・予測』共立出版）という傑作がある。ダニエル・ウィッテン、

ガレス・ジェームスほか共著『Introduction to Statistical Learning With Applications in R』(Springer)（邦訳版『Rによる統計的学習入門』朝倉書店）は、機械学習モデルを構築、説明する入門者向けの本だが、過度に専門的にならず、直感に訴えてくる本である。ケビン・マーフィー著『Machine Learning: A Probabilistic Perspective』(MIT Press)は、専門的なレベルでさまざまな手法を示すとともに、必要性の高いベイズ統計学の基礎もしっかり教えてくれる。

　より実践的で、広く使われているオープンソースライブラリを使って機械学習を理解するだけでなく実装する方法まで教えてくれる本としては、マシュー・カーク著『Thoughtful Machine Learning』(O'Reilly)、ジョエル・グルス著『Data Science from Scratch』(O'Reilly)（邦訳版『ゼロからはじめるデータサイエンス 第2版：Pythonで学ぶ基本と実践』オライリー・ジャパン）がある。この2冊は、どちらも機械学習モデルとは何かについての解説が優れており、広く使われている手法の一部について突っ込んだ議論をしている。ビジネスパーソンとデータサイエンスの実務者の両方を対象とするフォスター・プロヴォスト、トム・フォーセット共著『Data Science for Business』(O'Reilly)（邦訳版『戦略的データサイエンス入門：ビジネスに活かすコンセプトとテクニック』オライリー・ジャパン）も、専門性とわかりやすさのバランスを取るという難しい課題を絶妙にこなした本でお勧めできる。これら3冊は、高く評価されているオライリーの機械学習・データサイエンスシリーズに含まれている。

　ANNをもっとも広く徹底的に取り上げている本は、おそらくイアン・グッドフェロー、ヨシュア・ベンジオ、アーロン・クールヴィル共著『Deep Learning』(MIT Press)（邦訳版『深層学習』KADOKAWA）だろう。アダム・ギブソン、ジョシュ・パターソン著『Deep Learning』(O'Reilly)（邦訳版『詳説 Deep Learning：実務者のためのアプローチ』オライリー・ジャパン）とフランソワ・ショレ著『Deep Learning With Python』(Manning)（邦訳版『PythonとKerasによるディープラーニング』マイナビ出版）もおすすめしたい。特定のテーマについて深く掘り下げた本もある。アレックス・グレイヴス著『Supervised Sequence Labelling with Recurrent Neural Networks (Studies in Computational Intelligence)』(Springer)は、RNNを包括的に説明している。ヨアヴ・ゴールドバーグ著『Neural Network Methods for Natural Language Processing (Synthesis Lectures on Human Language Technologies)』(MorganSo We & Claypool)（邦訳版『自然言語処理のための深層学習』共立出版）は、自然言語アプリケーションの学習アルゴリ

ズムについての入門書である。

現在のAIテクノロジーについて驚くほど楽しく読める一般向けの本として、テレンス・セイノフスキー著『The Deep Learning Revolution』(MIT Press) とジェリー・カプラン著『Artificial Intelligence. What Everyone Needs to Know』(Oxford University Press) も挙げておきたい。前者はAI革命の渦中にいる人物によって書かれた本であり、自己言及的だが、前世紀末の数十年の技術の発展を時系列的にしっかりと説明するとともに、神経科学者や認知科学者による脳の仕組みについての研究がこれらの開発を促したことも示している。後者のQ&A形式は堅苦しく感じられるときもあるが、現在の手法だけでなく、AIの哲学的な基礎などのあまり取り扱われないテーマについて非常に分かりやすく説明することに成功している。

A/Bテストについての本は多数ある。まず、ダン・シロカー、ピート・クーメン共著『A/B Testing: The Most Powerful Way to Turn Clicks into Customers』(Wiley)(邦訳版『部長、その勘はズレてます!「A/Bテスト」最強のウェブマーケティングツールで会社の意思決定が変わる』新潮社)は、A/Bテストとは何かをしっかりと理解できる本に仕上がっている。ピーター・ブルース、アンドリュー・ブルース共著『Practical Statistics for Data Scientists』(O' Reilly)(邦訳版『データサイエンスのための統計学入門 第2版:予測、分類、統計モデリング、統計的機械学習とR/Pythonプログラミング』オライリー・ジャパン)は、検出力とサンプルサイズなどのA/Bテストの統計学的な基礎をわかりやすく説明している。カール・アンダーソン著『Creating a Data-Driven Organization』(O' Reilly)は、データ/分析ドリブン企業でA/Bテストが果たす役割の大きさを強調しながら、A/Bテストのベストプラクティスについても簡潔に説明している。元マイクロソフトで現在はAirbnbに所属しているロン・コハヴィは、産業界での実験の利用を強力に推進してきた人物である。最近彼が共著した、ロン・コハヴィ、ダイアン・タン、ヤ・シュウ共著『Trustworthy Online Controlled Experiments: A Practical Guide to A/B Testing』(Cambridge University Press) は優れた参考書である。この本の内容の一部は、https://exp-platform.com と https://oreil.ly/1CPRR でも見られる。

検出力の計算については、ハワード・S・ブルーム著『The Core Analytics of Randomized Experiments for Social Research』(オンラインで参照可能。https://oreil.ly/zs9gx) で説明されている。

索引

●著者紹介

Daniel Vaughan (ダニエル・ヴォーン)
現在、Airbnbのラテンアメリカ地区におけるデータサイエンス部門長を務める。以前は、テレフォニカ・メキシコのCDO (最高データ責任者) 兼データサイエンス本部長を務めていた。当時は、CDOとして同社のビッグデータ戦略を企画、管掌し、データレイクの実装、最適化などの技術的な決定から、バリューベースインジェスチョンやすべての関連データソースのガバナンスなどの戦略の立案、遂行までを担当。また、データサイエンス本部長として、メキシコ向けのあらゆる予測的、処方箋的ソリューションを開発するデータサイエンティストとエンジニアのチームを指揮していた。当時の重要な職務の1つは、ビジネスステークホルダーたちの委員会の求めに応じて、ビジネス問題をAIとデータサイエンスで解決できる問題に書き換えることだった。テレフォニカ・メキシコの前は、バノルテ銀行のデータサイエンティスト、メキシコ銀行の経済研究員を務めていた。ビジネス問題を処方箋的ソリューションに書き換えるための新しい方法やデータドリブンカルチャーへの移行を加速させる戦略を考えることに情熱を注いでいる。ニューヨーク大学 (NYU) で経済学博士号を取得し、NYU (アメリカとUAE)、コロンビアのロス・アンデス大学とICESI大学、メキシコのCIDEとモンテレイ工科大学で、技術系、非技術系の講義を担当した経験もある。メキシコシティのEGADEビジネススクールでは、MBAの取得を目指す院生たちを対象として本書の内容を定期的に教えている。

●監訳者紹介

西内 啓 (にしうち ひろむ)
東京大学大学院医学系研究科医療コミュニケーション学分野助教、大学病院医療情報ネットワーク研究センター副センター長、ダナファーバー/ハーバードがん研究センター客員研究員を経て、2014年11月より株式会社データビークルを創業。自身のノウハウを活かした拡張アナリティクスツール「dataDiver」などの開発・販売や、官民のデータ活用プロジェクト支援に従事。著書に累計50万部を突破した『統計学が最強の学問である』シリーズ (ダイヤモンド社) のほか、『統計学が日本を救う』(中央公論新社) など。日本プロサッカーリーグ (Jリーグ) アドバイザー。2020年には内閣府EBPMアドバイザリーボードのメンバーも務めた。

●訳者紹介

長尾 高弘 (ながお たかひろ)
1960年生まれ、東京大学教育学部卒、株式会社ロングテール社長、技術翻訳者。最近の訳書として『入門 Python 3 第2版』、『scikit-learn、Keras、TensorFlowによる実践機械学習 第2版』、『データサイエンス設計マニュアル』(オライリー・ジャパン)、『多モデル思考』(森北出版) などがある。

AI技術を活かすためのスキル
データをビジネスの意思決定に繋げるために

2021年11月24日　　　初版第 1 刷発行

著　　　　　者	Daniel Vaughan（ダニエル・ヴォーン）
監　訳　　者	西内 啓（にしうち ひろむ）
訳　　　　者	長尾 高弘（ながお たかひろ）
発　行　　人	ティム・オライリー
カバーデザイン	waonica
Ｄ Ｔ Ｐ 制　作	BUCH⁺（ブーフ）
印　刷・製　本	日経印刷株式会社
発　行　　所	株式会社オライリー・ジャパン

〒160-0002　東京都新宿区四谷坂町12番22号
Tel　（03）3356-5227
Fax　（03）3356-5263
電子メール　japan@oreilly.co.jp

発　売　　元	株式会社オーム社

〒101-8460　東京都千代田区神田錦町3-1
Tel　（03）3233-0641（代表）
Fax　（03）3233-3440

Printed in Japan（ISBN978-4-87311-955-7）
乱丁本、落丁本はお取り替え致します。